개정판

이해하기 쉬운 식품분석

*머리말

현대 식품산업에서는 제품의 품질관리가 매우 중요한 부분으로 인식되고 있다. 이에 맞추어 소비자들도 자신이 섭취하는 식품의 구성성분과 그 역할에 대해 알고자 하는 욕구가 높아지고있다. 식품의 품질관리 과정에서 필수요소인 식품의 성분 분석을 통해 소비자의 이러한 욕구를 만족시킬 수 있다.

식품분석은 식품 관련 학문을 전공하는 학생들에게는 기본이 되는 교과목이다. 오늘날에는 식품 분석의 기술이 상당히 발전하고 분석기기 또한 다양한 종류가 제조되어 미량으로도 식품 성분을 쉽게 분석할 수 있게 되었다. 하지만 식품분석에 대한 기초를 이해하지 않고서는 이러한 다양한 분석기기를 다룰 수 없으며, 또한 기기를 통해 얻는 데이터 역시 해석할 수 없다. 여기에서의 기초는 새롭게 개발된 기기에 의한 것이기보다는 식품공전법에서 언급되는 기본법에 대한 이해이다.

현재까지 많은 종류의 식품분석 관련 책이 시중에 출간되어 있다. 본서는 이러한 책 중 단순히 또 한 권의 교재로 머물기를 피하고 싶은 마음에 오랫동안 강단에서 가르쳐 온 저자들의 식품분석 교육경험과 더불어 터득된 분석실험의 노하우를 기본 이론에 더해 팁으로 제시하여 식품산업기사 시험도 쉽게 합격할 수 있도록 기획하였다. 저자들이 최선을 다하였으나 미흡한 면이 있다면 추후 보완하여 더 좋은 책으로 거듭날 것을 약속드리는 바이다.

끝으로 이 책의 출판을 위해 많은 도움과 노고를 아끼지 않은 파워북과 모든 관련자 분께 감사의 마음을 전한다.

저자 일동

*차 례

PART 1

식품분석의 이해

CHAPTER 1

실험의 기초사항

1. 실험실에서의 주의사항
2. 실험실 폐기물의 처리
3. 실험기구 사용법
4. 실험결과의 계산
5. 보고서 작성법

실험실에서는 뜻하지 않게 일어날 수 있는 위험 요인이 많으므로 모든 사람이 안전수칙을 바르게 알고 준수해야 한다. 즉, 실험을 시작하기 전에 실험 내용을 미리 알고, 실험 장치나 기계, 기구의 사용법과 시약에 대한 지식을 가지고 실험에 임해야 한다.

1. 실험실에서의 주의사항

1) 실험실 안전보건관리 수칙

- 실험실에서 안전사고 및 화재를 예방하기 위하여 실험실별로 특성에 맞는 안전보건관리 규정을 작성하고 이를 이행하여야 한다.
- 실험대, 실험부스, 안전통로 등은 항상 깨끗하게 하여야 한다.
- 실험실의 전반적인 구조를 알고 있어야 하며, 특히 출입구는 비상시 항상 피난이 가능한 상태로 유지하여야 한다.
- 사고 시 연락 및 대피를 위해 출입구 벽면 등 눈에 잘 띄는 곳에 비상연락망 및 대피 경로를 부착하여 놓아야 한다.
- 소화기는 눈에 잘 띄는 위치에 비치하고, 소화기 사용법을 알아두어야 한다.
- 실험에 필요한 시약만 실험실에 놓아두고, 실험실 내에는 일일 사용에 필요한 최소량만 보관하여야 한다.
- 시약병은 깨끗하게 유지하고, 라벨label에는 물질명, 뚜껑을 개봉한 날자를 기록해 두어야 한다.
- 유해물질이 누출되었을 경우, 싱크대나 일반 쓰레기통에 버리지 말고 폐액 수거 용기에 안전하게 버려야 한다.
- 실험실의 안전점검표를 작성하여 월 1회 이상 정기적으로 실험실 내 실험장치, 시약보관상태, 소방설비 등을 점검하여야 한다.
- 취급하고 있는 유해물질에 대한 물질안전보건자료material safety data sheet : MSDS를 게시하고 이를 알고 있어야 한다.
- 실험실 내에는 금지표지, 경고표지, 지시표지 및 안전표지 등 필요한 안전보건 표지를 부착하여야 한다.

2) 실험 종사자 안전보건관리 수칙

- 화학약품을 취급하는 실험실에서는 반드시 실험복과 보안경을 착용하고 실험하여야 한다. 실험실에서는 절대 반바지나 샌들을 신고 실험해서는 안 되며, 콘택트렌즈, 끌리는 옷, 긴머리, 장신구 등도 하지 말아야 한다.
- 실험실에서는 절대 혼자 실험하지 말고, 부득이한 경우에는 누군가 정기적으로 점검할 수 있게 하여야 한다.
- 모든 화학약품은 위험하다고 생각하여야 하며, 어떤 시약도 맛을 보거나 냄새를 맡거나 피부에 닿지 않도록 한다.
- 사용해본 경험이 없는 시약을 사용하는 경우는 MSDS material safety data sheet 나 머크 인덱스 merck index 등을 찾아본 후 사용한다.
- 시약병에서 시약을 따를 때에는 반드시 라벨을 잘 읽고 사용하여야 한다.
- 시약은 필요한 양만큼을 깨끗한 비커, 시험관 등에 따라서 사용하며, 시약병을 각자의 실험대로 가져가서는 안 된다.
- 쓰고 남은 시약은 절대로 원래의 시약병에 넣어서는 안 된다.
- 실험과정을 완전히 이해한 후 실험에 임해야 하며, 실험과정은 잘 정리하여 기록한다. 또한 실험장비를 사용하기 전에 반드시 사용법과 발생 가능한 사고의 위험요소를 미리 확인하여야 한다.
- 실험실에서는 허가되지 않은 실험을 하여서는 안 되며, 절대로 입으로 피펫을 빨지 말아야 한다.
- 실험실 내에서는 담배를 피우거나 음식을 먹어서는 안 되며, 음식물을 화학약품과 함께 보관하지 말고, 실험 중 음식물을 먹는 것을 금하여야 한다.
- 시험관을 써서 가열하거나 반응을 일으킬 때에는 시험관의 입구가 실험자나 주위에 있는 다른 학생에게 향하지 않도록 하여야 한다.
- 황산 등 진한 산을 묽힐 때는 물을 진한 산에 부어서는 절대로 안 되며, 항상 산을 물에 천천히 저어주면서 가하여야 한다.
- 독성이나 냄새가 좋지 않은 기체가 발생하는 실험은 반드시 후드에서 하여야 한다.
- 종이조각, 성냥조각, 또는 물에 녹지 않는 고체 물질을 싱크대에 버리지 말고 실험실 쓰레기통에 버려야 한다.

- 눈금이 새겨진 유리기구, 가령 눈금 실린더나 피펫은 절대로 가열하여서는 안 된다.
- 실험복 등이 오염되어서 다른 사람에게 전염될 수 있으므로 실험실 밖으로 실험복, 장갑 또는 개인보호장비를 입고 나가지 않는다. 실험이 끝나면 손을 반드시 비누로 닦고, 사용한 기구는 깨끗이 닦아서 반납하여야 한다.
- 실험에 필요한 책이나 필기구 외의 모든 것은 실험대 위에 올려놓지 않는다.
- 화학약품을 함부로 배수구에 버리지 말고, 폐기물을 올바른 방법으로 처리한다.

3) 다른 실험 종사자의 안전에 대한 고려사항

- 주위 사람들의 안전에 대해서도 고려하여야 한다.
- 불안전한 행동을 하는 사람이 있을 경우 안전한 행동을 하도록 주지시켜야 한다.
- 실험에 참가한 모든 실험 종사자는 필요한 보호구를 착용하여야 한다.
- 화재 또는 사고 시에 주위 사람에게 알린다.

2. 실험실 폐기물의 처리

1) 수집 · 운반 시 주의점

- 화학폐기물 수집용기는 운반 및 용량 측정이 쉬운 플라스틱 용기를 사용하여야 한다.
- 수집용기 외부에는 부서명과 호실, 전화번호, 품명, 특성 및 주의사항 등을 기록한 특정 폐기물 표지를 부착한다.
- 유해물질의 폐기물을 수집할 때에는 폐산, 폐알칼리, 폐유기용제, 할로겐족, 비할로겐족, 폐유 등 종류별로 구분하여 수집하여야 한다.
- 수집한 유해물질의 폐기물 용기는 직사광선을 피하고 통풍이 잘되는 곳을 폐기물 보관장소로 지정하여 보관하여야 하며 복도, 계단 등에 방치하여서

는 안 된다.

- 유해물질의 폐기물 취급 및 보관장소에는 금연, 화기취급엄금 표지와 폐기물 보관수칙을 부착한다.
- 빈 시약병은 깨어지지 않도록 기존 상자에 넣어 폐기물 보관장소에 보관한다.
- 수집 보관된 유해물질 폐기물용기는 폐액의 유출이나 악취가 발생되지 않도록 2중 마개로 닫는 등 필요한 조치를 하여야 한다.
- 수집된 폐기물을 운반할 때는 손수레와 같은 안전한 운반구를 이용하여 운반한다.
- 방사성 물질을 함유한 폐기물은 별도 수집하며 정해진 처리규정에 따라 누설되지 않도록 엄중히 처리해야 한다.

2) 일반적 처리 기준

- 폐액에 의하여 처리 중 유독가스의 발생, 발열, 폭발 등의 위험을 충분히 조사하고 첨가하는 약제를 소량씩 넣는 등 주의하면서 처리해야 한다.
- 악취가 나는 폐액, 유독가스를 발생하는 폐액 및 인화성이 강한 폐액은 누설되지 않도록 적당한 처리를 강구하여 조기에 처리한다.
- 폭발성 물질을 함유하는 폐액은 보다 신중하게 취급하고 조기 처리한다.
- 간단한 제거제로는 처리가 어려운 폐액은 적당한 처리를 강구하고, 처리되지 않은 상태로 방출되는 일이 없도록 주의한다.
- 처리 후에도 폐수가 유해한 경우에는 추가로 후처리할 필요가 있다.
- 유해물질이 부착된 거름종이, 약봉지, 폐활성탄 등은 적절한 처리를 한 후에 보관한다.

참고 : 서울대학교 환경안전연구소 편. 실험 안전의 길잡이(1998)
한국산업안전보건공단. 실험실 안전보건에 관한 기술지침(2006)
KOSHA CODE, G-7-2006

3. 실험기구 사용법

식품분석 실험에 많이 사용되는 기구들의 명칭과 일반적인 용도는 다음과 같다.

1) 용량분석용 기구

- 뷰렛 burette : 적정 시험에 사용되며 25mL, 50mL 두 종류가 있다. 뷰렛스탠드와 함께 사용한다.
- 피펫 pipette : 시험액이나 시약 등의 일정량을 취할 때 사용한다. 정해진 용량을 채취할 때 사용하는 홀피펫 whole pipette과 눈금에 따라 일정량을 취할 때 사용하는 메스피펫 measuring pipette, 미량을 취할 때 사용하는 마이크로피펫 micro pipette, 1회용 피펫인 파스퇴르피펫 pasteur pipette이 있다. 홀피펫과 메스피펫으로 강산이나 강알칼리를 채취할 때는 피펫에이드 pipette aid를 사용하여 시약을 채취한다.

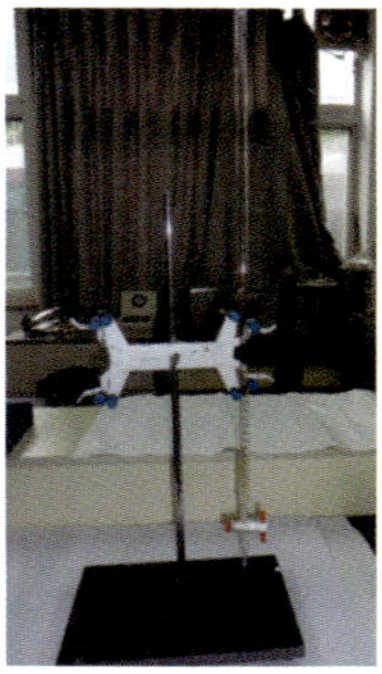
뷰렛과 뷰렛스탠드

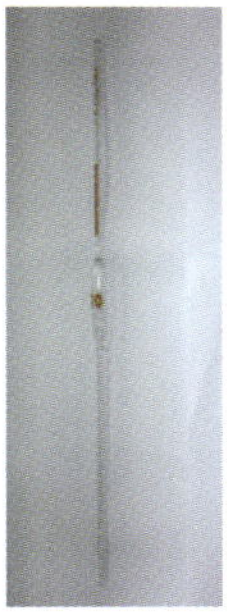
홀피펫 1,5,10mL

메스피펫 1,5,10mL

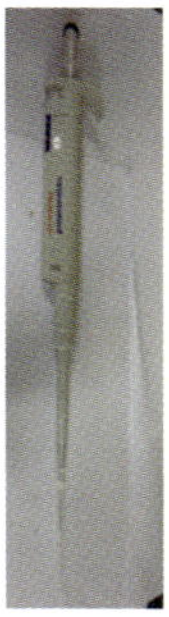
마이크로피펫

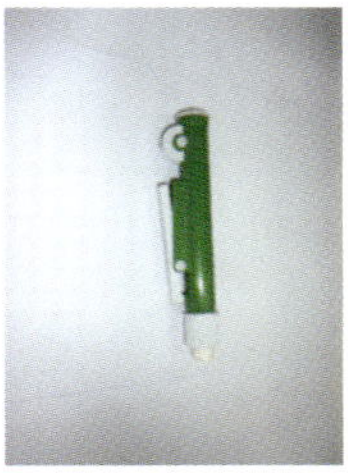

피펫에이드(피펫필러 pipette filler)

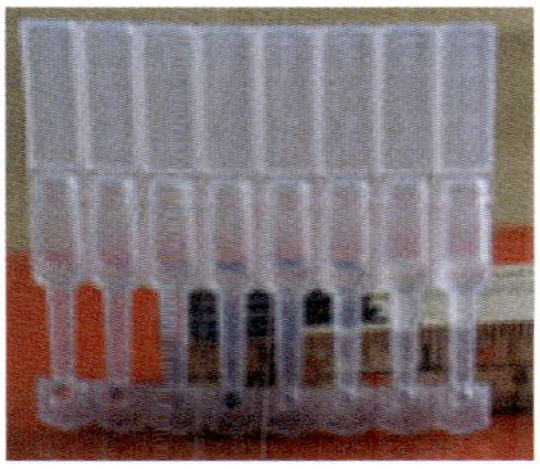
파스퇴르피펫

- 메스실린더 measuring cylinder : 정량의 시료를 채취할 때 사용한다.
- 메스플라스크 measuring flask : 시험액의 일정 용량을 정확하게 채취할 때 사용한다.

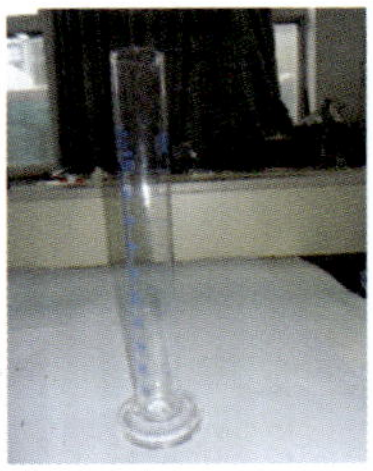
메스실린더

메스플라스크

2) 일반 기구

- 일반 시험용 기구로 시험관 test tube과 시험관을 꽂아놓는 시험관대, 비커 beaker, 삼각플라스크 erlenmeyer flask 등이 있다.

시험관과 시험관대

비커

삼각플라스크

- 깔때기 funnel : 진탕과 액층의 분리를 위하여 사용하거나, 시약을 제조하거나 용기에 넣을 때 사용한다.
- 칭량병 weighing bottle : 수분 측정용 시약 조제를 위해 사용하며, 유리로 만든 것과 알루미늄으로 만든 것이 있다.
- 유발 mortar : 시료를 조제하는 데 사용한다.

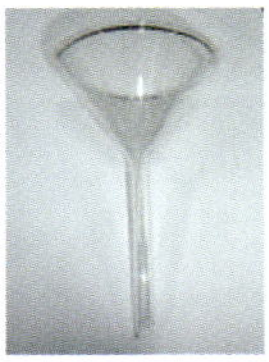
깔때기

칭량병(유리)

칭량병(알루미늄)

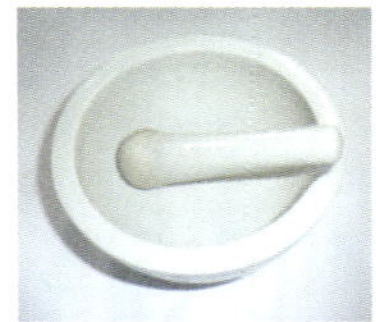
유발

- 시약병 reagent bottle : 시료를 보존하는 데 쓴다.
- 색소병 dropping bottle with pipette : 지시약을 보존하는 데 사용한다.

시약병

색소병

- 마조니어 추출관 mojonnier tube : 지방의 양을 측정하는 데 사용한다.

마조니어관

- 분액깔때기 separatory funnel : 용매를 추출하고 혼합하는 데 사용한다.
- 세척병 washing bottle : 증류수를 담는 병이다.

분액깔때기

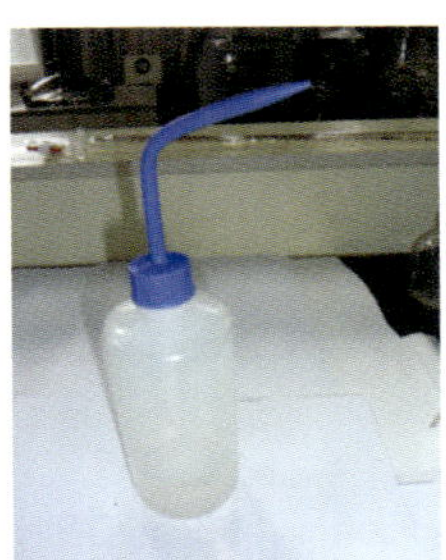
세척병

■ 데시케이터 desiccator : 시료보관 칭량병이나 수기를 방랭할 때 사용하며, 아래쪽에 방습제인 실리카겔을 넣는다.

■ 비중계 hydrometer : 시약의 비중을 측정하는 데 사용한다.

데시케이터

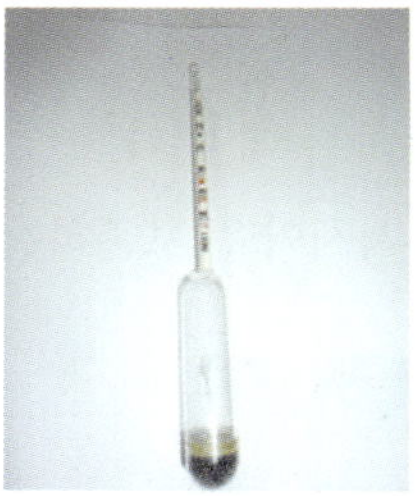
비중계

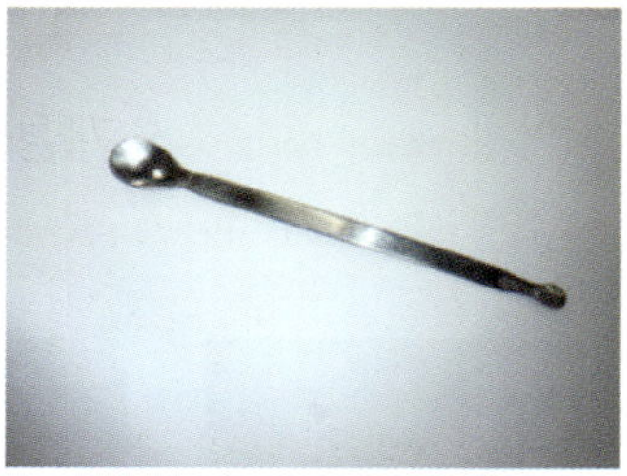
시약스푼

■ 시약스푼 laboratory spoon : 시약이나 시료를 조제할 때 사용한다.

■ 도가니 crucible와 도가니집게 crucible tongs : 도가니는 회분을 정량할 때 사용하며, 도가니집게는 수분이나 회분을 정량할 때 칭량병이나 도가니를 집는 데 사용한다.

도가니

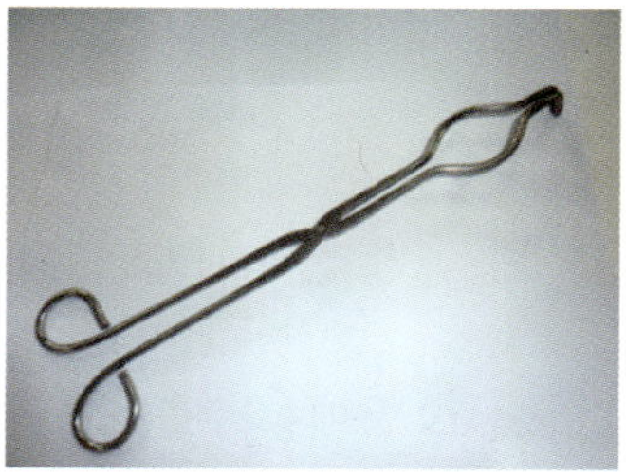
도가니집게

■ 드라이오븐 dry oven : 수분과 지방 실험할 때 또는 기구를 건조할 때 사용한다.

■ 항온수조 water bath : 일정한 온도를 유지하게 하는 데 사용한다.

■ 켈달장치 Kjeldahl digesting apparatus : 켈달법에 의한 단백질 정량 시 분해하는 데 사용한다.

■ 질소증류장치 nitrogen distillation apparatus : 켈달법에 의한 단백질 정량 시 증류

하는 데 사용한다.

드라이오븐

항온수조 water bath

질소분해장치

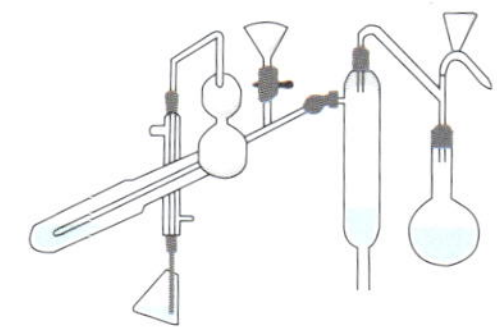
질소증류장치

- 속슬렛 지방 추출기 soxhlet extraction apparatus : 속슬렛법에 의한 지방 정량 시 지방을 추출하는 장치이다.

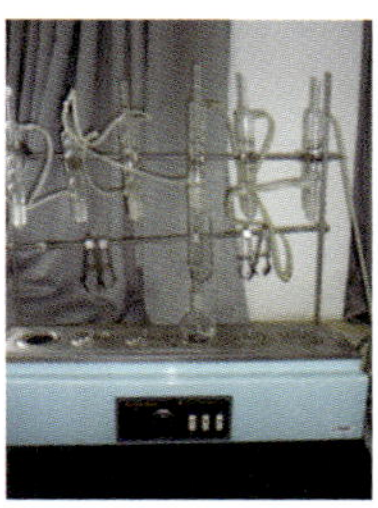
속슬렛 추출장치

속슬렛 추출기

- 전기로(회화로 electric muffle furnace) : 회분 정량할 때 회화하기 위하여 사용한다.
- 감압증발농축장치 rotary evaporator : 시료를 농축할 때 사용한다.

전기로

감압증발농축장치

3) 기구의 세척과 건조

실험을 정확하게 하기 위해서는 실험기구가 오염되지 않아야 한다. 유리기구를 세척할 때는 우선 오염물질의 성질을 알고 바르게 세척하여야 한다.

무기물이나 수용성 유기물은 물로만 세척해도 되지만, 비누로 씻으면 더욱 좋다. 유성의 물질이 있는 경우에는 수돗물로 세척 후 세제를 묻혀서 세척용 솔로 닦고, 흐르는 물로 세제를 닦은 후 소량의 증류수로 3번 세척하여 건조시킨다. 건조시킬 때는 자연 건조가 좋으나, 시간이 부족하면 가급적 낮은 온도에서 가열 건조시킨다. 눈금이 있는 용기는 가열하면 유리가 팽창하여 냉각해도 원상태가 되지 않을 수도 있으므로 가열 건조시키지 않는다.

4. 실험 결과의 계산

1) 유효수치와 유효숫자

실험 결과가 유의성과 신뢰성을 나타내기 위해서 자릿수가 정리된 수치가 유효수치이며, 유효수치를 나타내기 위해 사용된 숫자를 유효숫자, 유효숫자의 개수는 유효자릿수라고 한다. 즉, 실험치로서 가치 있는 숫자를 유효숫자라고 한다. 유효숫자 중 소수점의 위치를 표시하기 위해 사용된 0은 유효숫자가 아니다. 예를 들면 12.3, 1.23, 0.0123은 모두 소수점과 상관 없이 3개의 유효숫자를 갖는다. 그러나 12.30같이 소수점과 상관없는 0은 유효숫자에 포함되어 4개의 유효숫자를 갖게 된다.

유효수치는 결과치가 확실한 자리보다 1자리를 더 많이 쓰고, 그 이하는 사사오입하여 정리한다.

2) 곱셈, 나눗셈에서의 유효수치

곱셈과 나눗셈에서는 유효자릿수가 가장 작은 것을 기준으로 미리 정리한 다음에 계산한다. 중간 계산에서도 가장 유효자릿수가 작은 것을 적용하여 계산한다.

【예】 12.24 × 0.123(유효자릿수 3자리) × 1.2345 = 1.858564 대신
12.24 × 0.123 = 1.50552 = 1.50, 1.50 × 1.23 = 1.845 = 1.85(유효자릿수 3자리)
15.558 ÷ 12.3(유효자릿수 3자리) = 1.26488 대신
15.6 ÷ 12.3 = 1.26829 = 1.27(유효자릿수 3자리)

3) 덧셈과 뺄셈에서의 유효수치

덧셈과 뺄셈에서는 각 측정값 중 끝자리 숫자의 단위가 가장 큰 것을 기준으로 하여 정리한 다음에 계산하거나, 계산한 다음 끝자리 숫자의 단위가 가장 큰 것으로 정리하면 된다.

두 방법의 결과가 차이가 있는 경우도 있지만 어느 방법으로 해도 무방하다.

【예】 12.3 + 1.23 + 0.123 = 13.653 = 13.7 또는
12.3 + 1.2 + 0.1 = 13.6으로 계산한다.

* 산업기사 결과 계산 시 주의 점(제시된 자릿수를 정확하게 지킬 것)

【예】 조회분 함량 실험 제시된 결과에 따라 계산하세요.
(소수점 셋째 자리에서 반올림하여 둘째 자리까지 계산하세요.)

측정항목	측정값(g)	조회분 함량(%)
항량 된 회화 용기 무게(W_0)	20.1234	조회분 $= \frac{W_1 - W_0}{S} \times 100$
시료 무게(S)	1.2345	조회분 $= \frac{20.2233 - 20.1234}{1.2345} \times 100$ $= 8.092$ $\fallingdotseq 8.09\%$
회화 후 항량 된 시료와 용기 무게(W_1)	20.2233	

5. 보고서 작성방법

실험이 끝나면 다음의 형식에 의해 보고서를 작성한다.

| 보고서 내용 |

실험 제목 : 실험 일시 :

1. 실험 원리

2. 시약 및 기구

3. 실험 방법

4. 결과 및 계산

5. 고찰

6. 참고자료

CHAPTER 2

실험의 일반 조작

1. 저울 사용법

물질의 중량을 정확히 달기 위해서는 저울을 정확히 사용할 줄 알아야 한다.

자동천칭을 사용할 경우 on을 눌러 0이 되면, 칭량할 재료를 접시에 올려놓고 안정표시가 나타날 때까지 기다린 후 중량을 읽는다.

용기를 사용할 경우에는, 빈 용기를 접시 위에 올려놓은 후 테어 버튼 tare button을 눌러 0으로 세팅한 다음, 용기에 칭량할 시료를 놓고 칭량하여 시료만의 무게가 나타나면 중량을 읽는다. 용기와 시료를 접시에서 내려놓으면 용기의 중량이 마이너스로 나타나게 되는데 그 숫자를 용기의 무게로 기록한다.

저울 사용 시 주의점은 다음과 같다.

- 저울은 직사광선이 들어오지 않고 부식성 가스의 발생이 없는 곳에 둔다.
- 저울은 진동이 없는 콘크리트대 위에 수평으로 놓고, 저울에 부착된 수준기 level의 기포가 중앙에 오도록 한다.
- 저울 옆에는 약품이나 기구를 놓지 않고 항상 깨끗이 정돈한다.
- 저울과 시료의 온도가 다를 때에는 데시케이터 안에서 약 20분간 방치 후 칭량한다.
- 저울(전자저울, 판수동저울, 지시저울)은 계량법에 의하여 2년에 한 번 검 · 교정 및 정기검사를 받아야 한다.

2. 기본 실험법

1) 가열과 냉각

실험이 발열반응이면 냉각시키면서 실험해야 하고, 흡열반응이면 가열하면서 실험해야 한다. 활성화 에너지가 클 때는 가열을 해야 반응이 쉽게 일어나며, 반응이 끝나고 다음 조작을 위해 냉각이 필요할 때도 있다.

(1) 가열

① 직화에 의한 가열

석면망을 올려놓은 전기히터나 버너에 직접 가열하는 방법이다. 이 방법은 열을 받는 면적이 넓지 않으며, 가열방법에 제한이 없거나 가열방법이 반응속도나 시간에 의한 영향이 많지 않을 때 사용한다.

② 간접적인 방법

간접적으로 가열하는 방법으로 수욕, 유욕, 사욕 등의 방법이 있다. 전열 면적이 넓어 반응이 효과적으로 일어날 수 있고 직화에 의한 가열보다 온도조절이 쉽다는 장점이 있다.

- **항온수조법**

  항온수조 water bath법은 100℃ 이하로 가열할 경우 일정한 온도로 가열된 물 속에서 가열하는 방법으로 조지방 추출 시 적용된다.

- **유욕법**

  유욕 oil bath법은 100℃보다 높은 온도까지 가열해야 할 때, 필요한 온도까지 가열해도 분해되지 않는 기름을 선택하여 가열된 기름 속에서 가열하는 방법이다. 그러나 기름의 증기가 인체에 유해할 수 있으므로 주의해야 한다.

- **사욕법**

  사욕 sand bath법은 균일한 고운 모래를 사용하여 그 속에 목적물을 넣는 방법으로 고온으로 가열하고, 가열 면적을 넓혀 골고루 반응시킬 필요가 있을 때 사용한다.

(2) 냉각

① 자연냉각

실온에 방치하거나 교반하면서 자연적으로 냉각시키는 방법이다.

② 인공냉각

냉각기, 냉장고, 얼음물 등을 사용하여 인공적으로 냉각시키는 방법이다.

■ 냉각기 사용

발열반응을 연속적으로 진행시키려 하거나 증기의 회수가 필요할 때 냉각기를 사용하여 냉각시키는 방법이다. 냉각기는 흐르는 물에 의해 냉각하는 것이 일반적이며, 경우에 따라서는 공기에 의해 냉각하는 냉각기로 1m의 유리관을 사용할 수도 있다.

그림 2-1 | **냉각기의 종류**

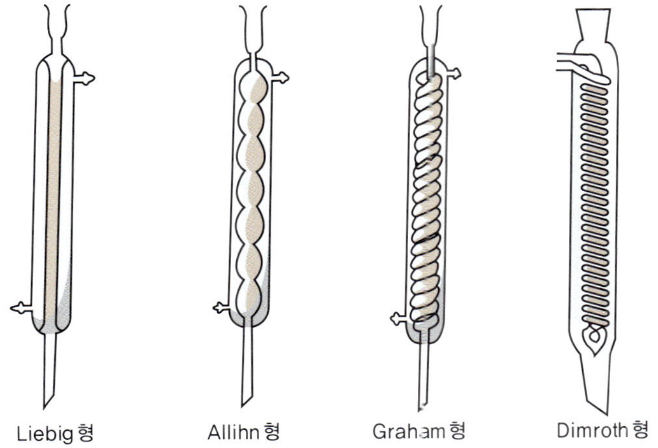

■ 냉장고의 사용

일반적으로 5~10℃ 정도로 냉각하거나 보존할 때 사용한다. 그러나 5℃ 이하의 냉각이 필요할 때에는 보통의 냉장고를 사용하기 어렵다.

■ 냉각제의 사용

냉각온도가 0℃ 또는 이보다 낮은 온도가 필요할 때는 얼음물을 사용하거나 드라이아이스 등의 냉각제를 사용하여 냉각시킨다.

2) 여과와 분리

여과 filtration는 고체와 액체를 분리하는 방법으로 현탁 물질이나 용액 속의 침전물을 분리하는 것이다. 이때 여과해서 얻은 용액은 여액 filtrate이라 하고, 분리된 고형물은 침전물 precipitates, ppt.이라고 한다.

(1) 여과

여과지 filter paper는 회분의 많고 적음에 따라 정성용과 정량용으로 구분한다.

정량용 여과지는 일반적으로 연질과 경질로 구분한다. 연질은 외관이 부드럽고 구멍이 비교적 커서 여과속도가 빠르나, 작은 입자가 쉽게 빠져나가고 산이나 알칼리에 약하다. 경질은 외관이 좀 딱딱해 보이며 구멍이 작아 여과속도는 느리나 작은 입자가 빠져나가지 않고 산이나 알칼리에 강하다.

① 일반 여과법

여과 방법 중 경사여과 decantation는 여과지 없이 여과를 하기 위해 침전이 가라앉았을 때 그 위의 맑은 액을 따라내는 방법으로, 침전이 바로 가라앉지 않을 경우에는 사용이 어렵다. 그러므로 여과지를 사용하여 경사여과를 하면 침전물이 여과지를 메우기 전에 여과할 수 있어 좋다. 그림 2-2 처럼 여과지를 반으로 접고 또 한 번 접어 4분원형으로 한 후 원추형으로 펴서 깔때기 크기에 맞도록 조절하여 깔때기 속에 넣어 여과한다. 이때 용기에 남은 침전물은 소량의 세척액으로 여러 번 세척하여 기울여 따르고, 마지막에 침전물을 옮기는데 용기에 묻은 침전물도 유리막대로 긁어낸 다음 세척액을 함께 여과지에 넣는다.

표 2-1 Whatman의 대표적인 셀룰로오스 여과지의 종류와 용도

용도		번호	입자크기(㎛)	특 징
정성용	일반 정성용	1	11	정성여과지 중에서 널리 사용, 특히 대기오염 모니터링, 입자포집 등에 사용
		2	8	정성여과지 중 가장 많이 사용, 일반적인 대기오염 및 토양시료 여과에 사용
		3	6	No.1 여과지보다 두께가 두 배이며, 더 많은 양을 막히지 않고 여과
		4	20~25	일반적으로 빠른 여과 실험, 젤리와 같은 유기고체 여과에 사용
		5	2.5	가장 미세한 여과지로 화학제품 침전물 분석에 주로 사용
		6	3	미세한 여과지로 주로 둘 성분 분석에 사용
정량용	무회분 정량용	40	8	용액에 포함된 고체를 추출하기 위한 여과지, 구성요소의 중량 측정 및 분석에 사용
		41	20~25	정량여과지 중 가장 빠른 여과속도로 젤라틴처럼 거친 침전물의 분석이나 대기오염 분석에 사용
		42	2.5	칼슘탄산염 calcium carbonate, 침전물 분석에 사용.
		43	16	여과속도가 빠르며, 지질 분석 및 광물 분석에 사용.
		44	33	두께가 얇아 여과속도가 빠름
	경질 무회분 정량용	540	8	경도가 높아 산/알칼리 용액의 금속중량 분석에 주로 사용.
		541	20~25	경질 필터 중 여과속도가 가장 빠르며 섬유질 검출 및 석탄, 시멘트의 염화물 검출에 사용
		542	2.7	경질 필터 중 가장 경드가 높고 화학적 내성이 강하고 여과속도는 느림

참고 : www.whatman.com

② 감압여과법

감압여과법은 여과액을 받는 수기의 내부를 감압하면서 여과하는 방법이다. 부흐너 Büchner 깔때기, 유리여과기 glass filter, 구치 Gooch도가니 등과 여과병을 연결한 후 진공펌프 등으로 여과병 내의 공기를 감압시켜 여과하는 방법이다. 여과 시간이 단축되어 자연 여과가 어려운 침전물을 분리할 때나 다량의 용액을 여과할 때 사용한다.

그림 2-2 | 주름 여과지를 접는 법과 여과지를 이용한 여과법

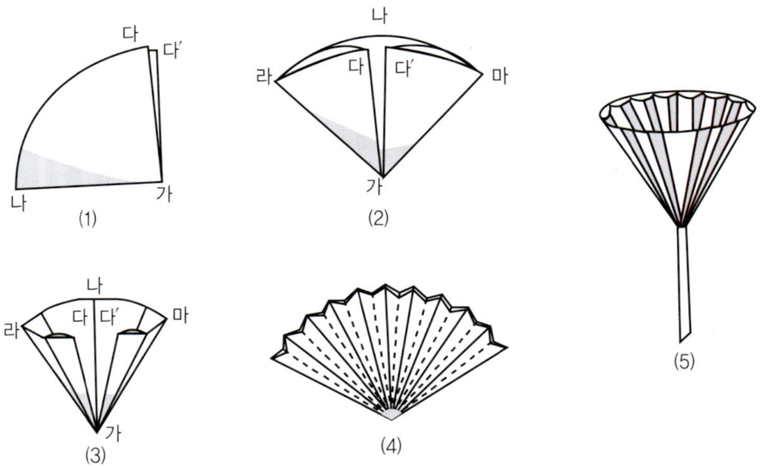

(2) 분리

물질을 분리하기 위해 여과하기 어려울 때나 여과지를 사용할 수 없을 때 또는 일정량의 상징액만 필요할 때는 원심분리를 이용하여 분리한다. 또는 용액 중의 용질을 흡착제를 이용하여 흡착, 분리하기도 한다.

① 원심분리

원심분리기에 시료의 중량을 같게 하여 짝수로 균형을 맞추어 원심분리관에 넣고 회전시켜 분리하는 것이다.

② 흡착과 크로마토그래피 분리

전개는 유리관에 흡착제를 채워넣은 칼럼을 만들어 피흡착성이 약한 것부터 먼저 용출되어 밑으로 이동하는 조작이다. 전개에 의해 얻어진 흡착대의 배열을 크로마토그램 chromatogram이라고 한다. 흡착제로 이온교환수지를 사용하는 이온교환 크로마토그래피 ion exchange chromatography나 물과 용매와의 각 용질의 분배율 차이를 이용하여 여과지에 물질을 전개시키는 페이퍼크로마토그래피 paper chromatography 등이 주로 이용된다.

3) 추출

추출 extraction은 시료에 있는 특정 성분을 용매를 사용하여 분리하는 것이다. 추출 시 시료용액과 쉽게 혼합되는 용매를 사용하면 추출이 어렵기 때문에 액체 시료에서 특정 성분을 추출하기 위해서는 용액 중 특정 성분의 용해도보다 용해도가 더 큰 다른 용매를 사용해야 한다. 고체혼합물에서 특정 성분을 추출하기 위해 용매와의 접촉면을 최대한 넓게 하기 위하여 시료를 곱게 가는 것이 필요하다. 조지방 추출을 위한 속슬렛 추출장치 Soxhlet extractor가 추출의 대표적인 예이다.

4) 증발과 농축

증발 evaporation은 액체 중에 녹아 있는 비휘발성 성분의 농도를 높이기 위해 용매를 증발시켜 수용액 중의 무기염을 석출하거나 용매를 증류 · 제거하여 추출액을 농축하는 것이다.

5) 증류

증류 distillation는 끓는점(비점)이 다른 혼합물을 그 끓는점에서의 증기압의 차이를 이용하여 분리, 정제하는 것이다.

(1) 상압증류

상압증류 atmospheric distillation는 대기압에서 증류하는 방법으로 가열욕 온도가 너무 높으면 증류분이 불순하게 되기 쉽다. 그러므로 가열욕의 온도는 증류 물질의 끓는점보다 20℃ 정도 높은 것을 사용하는 것이 일반적이다.

(2) 감압증류

감압증류 vacuum distillation는 증류장치 안의 압력을 낮추어 낮은 끓는점에서 증류하는 방법이다. 유기용매를 증류할 때 또는 용액 중 특수 성분의 안정성을 고려할 때 주로 사용된다.

(3) 수증기 증류

수증기 증류 steam distillation는 증류할 시료 용액 속에 100℃ 수증기를 넣어 증류시키면 그 수증기가 증발할 때 시료 속의 어떤 성분과 함께 증발하게 된다. 이 증기를 연결된 냉각기를 통해 증류기에 응축시키는 것이다.

6) 건조

건조 drying란 수분을 제거하는 것이다. 건조에는 공기 중에서 자연적으로 수분을 제거하는 풍건이나 가열, 건조제에 의한 흡수 등이 있다.

3. 시료 채취

1) 모집단과 시료

- 모집단 population : 실험에서 그 특성을 측정하고자 하는 물질의 전체 집단을 말한다.
- 시료 sample : 분석을 위해 사용된 모집단의 일부분으로, 모집단 내의 서로 다른 부분에서 취해야 한다.

2) 시료의 채취

시료를 채취할 때는 식품 전체의 대표성이 있도록 다량의 시료를 채취하여야 하며, 가능한 한 여러 부분에서 적은 양씩 취해 잘 혼합하는 것이 좋다. 측정값이 전체 시료의 평균값이 되도록 균일화시켜야 대표성을 띠게 된다. 냉장 또는 냉동

식품을 시료로 사용할 때는 그 상태가 유지되도록 채취하여야 하며, 점도가 높아 채취하기 어려운 경우에는 검사 결과에 영향을 주지 않는 범위 내에서 가온 등 적절한 방법으로 점도를 낮추어 채취하는 것이 좋다.

시료를 채취하는 방법에는 원뿔사분법과 교번시약스푼법이 있다. 원뿔사분법은 시료를 먼저 원뿔 모양으로 쌓은 다음 위를 편평하게 하고 이것을 4부분으로 나눈 후 대각선상의 두 부분만을 혼합하는 조작을 2~3회 반복하는 것이다. 교번시약스푼법이란 적당한 크기의 용기나 큰 스푼으로 시료를 차례대로 취하여 일정 횟수의 것만을 모아 혼합하는 조작을 반복하는 것이다. 이렇게 취한 시료 중에서 다시 실험에 사용할 일부분을 취해 균일화한 후 실험을 해야 한다.

① 곡류, 두류, 종실류처럼 불균일한 작은 입자 식품

곡류, 두류, 종실류 등 불균일한 입자가 작은 식품은 불순물을 제거하고 분쇄

그림 2-3 | 원뿔사분법의 조작

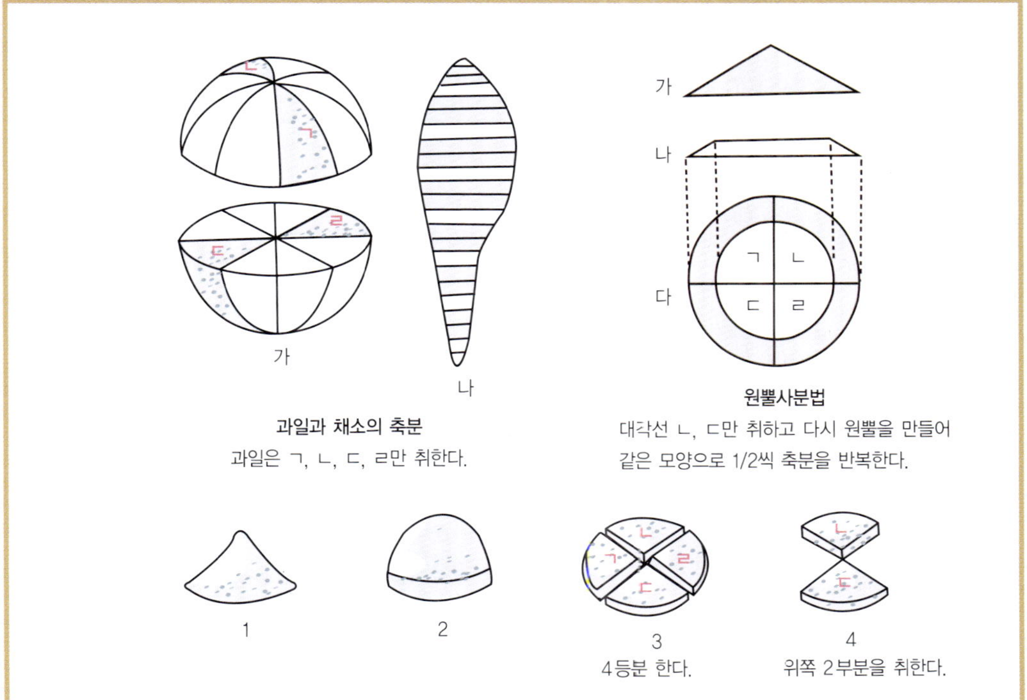

기에 넣어 분말로 만든 후 원뿔사분법 또는 교번시약스푼법으로 시료를 채취한다.

② 과일류

상자에 있는 과일은 과일상자 전체를 대표하는 몇 개를 골라내고, 물로 먼저 씻고 마른 천으로 수분을 닦아 칭량한 후 잘게 썰고 바람이나 60℃ 전기정온건조기에서 건조시킨 후 다시 칭량한다. 예비 건조 시에 수분함량을 구한 후 분쇄하여 체로 쳐서 입자를 고르게 해야 한다.

③ 채소류

시금치 같은 엽채류는 평균 정도의 크기가 같은 잎을 같은 수로 선별해서 취한 후 과일과 같은 방법으로 한다. 무 등 모양이 길거나 편평한 근채류는 일정한 간격으로 평행하게 자른 후 각각을 다시 8등분 하여 대각방향의 것을 취한다.

④ 육류, 어패류

육류나 어패류는 먹을 수 있는 부분만을 취해 육절기 등으로 갈아 잘 혼합하여 시료를 채취한다.

⑤ 액상 식품

액상식품은 잘 혼합한 후 여과해서 그 액을 시료로 한다.

⑥ 가루 식품

가루 식품은 잘 혼합하여 시료로 한다.

⑦ 여러 종류가 혼합된 식품

여러 종류가 혼합된 식품은 같은 종류의 것을 합하여 중량 비율을 계산하고 같은 중량 비율대로 정확히 칭량하여 각 종류에서 취한다.

3) 시료의 보존

시료는 수분 흡수나 효소의 작용 또는 산화 부패 등에 의한 성분 변화가 없도록 주의해야 한다. 따라서 시료는 수분의 흡수를 막기 위해 밀폐용기에 보존해야 하며, 산화되기 쉬운 시료는 갈색병에 넣어 냉암소에 보관하고, 효소가 있는 시료는 효소작용을 불활성화하기 위해 냉동해야 하며, 건조 시료는 저온에 보관하면서 실험에 임해야 한다.

4. 시약의 취급

시약을 조제하는 경우 시약의 규격, 시약조제에 사용하는 기구, 용액의 농도, 시약조제 시의 유의사항 등에 관해서 잘 알아야 한다.

고체나 분말 시약은 청결하고 건조된 시약스푼을 사용하여 시약을 취해야 한다. 액체 시약의 경우 라벨이 붙어 있는 부분을 손으로 잡고 따라서 라벨이 오염되거나 부식되지 않도록 한다.

한번 꺼낸 시약은 다시 병에 넣지 않도록 한다. 또한 마개 개봉 후 가능하면 빨리 담도록 한다. 특히 흡수성이 강한 시약의 경우 O_2나 CO_2를 흡수하여 농도가 달라질 수 있으므로 주의한다.

시약을 조제한 후에는 시약명, 농도, 제조일자 등의 라벨을 반드시 붙여 놓는다.

CHAPTER **3**

용량분석

1. 용량분석

용량분석 volumetric analysis은 적정분석 titrating analysis이라고도 하며 식품분석에서 사용되는 일반적인 방법이다. 즉, 실험에서 정량하려는 물질이 포함된 용액을 조제하고, 이것을 농도를 알고 있는 표준용액으로 반응시킨 후 지시약을 사용하여 종말점 end point을 확인하고, 그 적정에 사용된 표준용액의 소비량에서 계산에 의해 목적성분의 함량을 구하는 것이다. 용량분석을 위해서는 화학반응이 정량적이고 반응이 없어야 하며, 반응속도가 빨라야 하고, 반응의 종말점이 명확해야 한다.

종말점은 지시약을 사용하거나 반응생성물의 침전 및 이온색으로 판단하기도 한다.

용량분석 방법에는 용액 중의 물질을 표준용액으로 직접 적정하는 직접적정법 direct titration과, 일정 과량의 표준용액을 가하여 반응시킨 후 남은 표준용액을 다른 표준용액으로 적정하는 방법인 역적정 back titration 또는 잔여적정 residual titration이 있다.

표 3-1 지시약의 변색 범위와 산 · 알칼리에서의 색

지시약	산에서의 색	변색의 범위	알칼리에서의 색
메틸바이올렛methyl violet	황색	0.0 – 1.6	자색
브로모페놀블루bromophenol blue	황색	3.0 – 4.6	청색
메틸오렌지methyl orange	적색	3.1 – 4.4	황색
메틸레드methyl red	적색	4.4 – 6.2	황색
리트머스litmus	적색	5.0 – 8.0	청색
브로모티몰 블루bromothymol bue	황색	6.0 – 7.6	청색
페놀프탈레인phenolphthalein	무색	8.3 – 10.0	분홍
알리자린 옐로우alizarin yellow	황색	10.1 – 12.0	적색

참고 : http://en.wikipedia.org/wiki/titration

용량분석을 위해서는 시료용액을 조제하고, 표준용액을 조제 · 표정한 후, 지시약을 사용하여 시료용액을 적정하여 적정에 사용된 목적성분의 함량을 계산한다.

■ 중화적정법

중화적정법 neutralization titration은 중화반응 neutralization reaction을 이용하는 것으로 산이나 알칼리를 알칼리 또는 산의 표준용액으로 적정하고 지시약을 사용하여 종말점을 결정하는 방법이다. 산 · 알칼리 표정, 유기산 정량, 조단백질 정량, 산가, 비누화가 등의 실험에 사용된다. 중화적정에 사용되는 지시약은 변색 범위가 각각 다르므로 실험에 맞는 지시약의 선택이 필요하다.

■ 침전적정법

침전적정법 precipitimetry은 시료에 표준용액을 가하여 정량적으로 난용성 침전이 생기는 반응을 이용한 실험이다. 질산은 $AgNO_3$을 사용한 모르Mohr법 등에 적용된다.

■ 산화환원적정법

산화환원적정법 oxidation-reduction titration은 산화–환원을 이용한 방법으로 산화제나 환원제의 표준용액으로 적정하는 실험이다. $KMNO_4$를 이용한 수산 정량, 칼슘 정량 등의 실험에 적용된다.

■ 요오드적정법

요오드는 산화제나 환원제로 사용될 수 있으므로 요오드 표준용액을 산화제로 사용하는 요오드 표준액을 이용한 적정법과, 산화성 시료에 KI를 환원제로 사용하여 유리되는 요오드를 $Na_2S_2O_3$ 표준용액으로 적정하는 방법이 있다. 요오드적정법 iodometric titration은 식품 중의 요오드 정량, 요오드가와 과산화물가 측정에 적용된다.

■ 킬레이트적정법

킬레이트적정법 chelatometry은 어떤 금속 지시약이 금속이온과 반응하여 정색반응을 나타내는 것을 이용하여 킬레이트 표준용액으로 적정하는 실험이다.

EDTA 등을 사용하여 여러 가지 금속이온과 음이온을 정량할 수 있으며, 음료수의 경도 측정, 우유 중의 칼슘 정량 등에 적용된다.

2. 용액의 조제 및 표정

1) 용액과 농도

용액은 용매와 용질로 구성되며, 용액의 농도는 용액에 대한 용질의 양을 뜻한다.

소금물(용액) = 소금(용질) + 물(용매)

(1) 백분율(%) 농도

- 중량백분율 농도(w/w %) : 용액 100g 중의 용질의 g 수이다.
- 용량백분율 농도(v/v %) : 용액 100mL 중의 용질의 mL 수이다.
- 중용량백분율 농도(w/v %) : 용액 100mL 중의 용질의 g 수이다.

(2) 백만분율(part per million, ppm, mg/kg, ㎍/g)

용액 1,000g 또는 1,000mL(비중 1.000)에 녹아 있는 용질의 mg 수이다. 이 외에도 10억분율(part per billion, ppb)을 사용하기도 한다.

(3) 몰농도(molarity, M)

용액 1L중에 함유되어 있는 용질의 g 분자량수이다. 1g 분자량의 용질을 용매에 녹이고 용액을 1L로 정용하면 1몰 용액이 된다.

(4) 노르말농도(normality, N)

용액 1L 중에 함유되어 있는 용질의 g 당량수로 화학반응에서 많이 사용되는 농도이며, 규정농도라고도 한다. 이때 g 당량이란 반응하는 수소 1 원자 또는 산소 1/2 원자를 함유하거나 이것과 서로 당량인 물질량을 그 물질의 1g 당량이라 한다.

$$당량수\ N = \frac{분자량}{1\ 당량}$$

- 수산화나트륨(NaOH) 용액 (Na의 원자량 23, 산소의 원자량 16, 수소의 원자량 1, NaOH의 분자량: 40, NaOH의 g당량: 40/1(H의 수)= 40)
  - 1 M NaOH 용액: 40g의 NaOH 분자를 녹여 1,000mL로 정용한 용액
  - 1 N NaOH 용액: 40g의 NaOH 분자를 녹여 1,000mL로 정용한 용액
- 황산(H_2SO_4) 용액(H의 원자량 1, S의 원자량 32, O의 원자량 16) H_2SO_4의 분자량: 98, H_2SO_4의 g 당량: 98/2(H의 수) = 49
  - 1 M H_2SO_4 용액: 98g의 H_2SO_4를 넣어 1,000mL 황산 용액 제조
  - 1 N H_2SO_4 용액: 49g의 H_2SO_4를 넣어 1,000mL 황산 용액 제조

    단, 황산은 액체이므로 비중을 찾아 중량을 부피로 바꾸어야 한다.

    (비중 = 질량/부피)

2) 용액 농도의 변경

(1) 백분율(%) 농도의 변경

농도가 큰 ㄱ% 용액 가 g(또는 가 mL)과 그보다 낮은 농도 ㄴ%인 용액(증류수의 경우 0) 나 g(또는 나 mL)을 혼합하여 X용액(가+나)를 만들려면, 다음 공식을 사용하여 필요한 용액의 양을 구할 수 있다.

ㄱ%　　………　　(X－ㄴ) = 가 g (또는 mL)

　　↘　　　↗

　　　　X %

　　↗　　　↘

ㄴ%　　………　　(ㄱ－X) = 나 g (또는 mL)

즉, ㄱ% 용액 (X－ㄴ)의 양과 ㄴ% 용액 (ㄱ－X)의 양을 혼합하면 X%의 용액이 만들어진다.

45% HCl용액과 15% HCl용액을 혼합하여 25% HCl용액 300mL을 만들려고 할 때 필요한 용액의 양은 각각 얼마인가?

45 % HCl ……… 25－15 = 10mL × 10 = 100mL

　　↘　　　↗

　　25 % HCl

　　↗　　　↘

15 % HCl ……… 45－25 = 20mL × 10 = 200mL

　　　　　　　　　　　30mL × 10 = 300mL

⇨ 45% HCl 용액 100mL와 15% HCl 용액 200mL를 혼합하면 25% HCl 용액 300mL가 된다.

(2) 노르말농도(N)의 변경

노르말농도의 경우 기존의 농도 N 부피 V의 용액을 낮은 농도의 용액으로 희석하여 용액의 농도 N′, 부피 V′로 변경하려면 다음의 공식을 사용하여 구할 수 있다.

$$NV = N'V'$$

2 N NaOH 용액 300mL을 조제하는 데 15 N NaOH 용액 몇 mL가 필요한가?

$$NV = N'V'$$

$$2 \times 300 = 15 \times V'$$

$$V' = \frac{2 \times 300}{15} = 40ml$$

⇨ 15 N NaOH 용액 40mL에 증류수 260mL를 가하면 2 N NaOH 용액 300mL 가 된다.

3. 표정과 역가

1) 표정

정량분석을 위한 기준용액으로 사용되는 것을 표준용액 standard solution이라고 하며, 표준용액은 농도를 정확히 알아야 한다. 용량분석에 사용되는 표준용액은 주로 노르말농도이며, 표준용액의 실제 농도를 결정하는 조작을 표정 standardization 이라고 한다.

표정에 사용되는 순수한 물질을 표준물질 standard substance이라고 하며, 1차 표준물질은 순수한 고체를, 2차 표준물질은 농도를 정확히 아는 표준용액을 사용한다.

2) 역가

표준용액을 만들 때 표준시약을 사용하더라도 칭량을 정확하게 하지 못하면 원하는 노르말농도가 되지 않고 실제 노르말농도가 된다.

실제의 노르말농도를 원하는 소정의 노르말농도로 나눈 값을 규정도계수 normality factor 또는 역가 factor, F라고 한다.

$$\text{Factor} = \frac{N}{N_0} \quad N = N_0 F$$

N : 실제 노르말농도　　　N_0 : 소정 노르말농도

V : N의 부피　　　V_0 : N_0의 부피

N_0의 노르말 용액 V_0 mL가 N 노르말 용액 VmL와 서로 당량일 때, N_0V_0와 NV는 각 용질의 밀리당량수로 표시하며, 각 용질의 밀리당량수는 서로 같으므로 다음의 식이 된다.

$$N_0 V_0 = NV$$

$$N_0 = \frac{NV}{V_0}$$

$$N_0 = \frac{N_0 FV}{V_0} \quad (N = N_0 F\text{이므로 } N_0 F\text{를 N에 드}\quad)$$

$$FV = V_0$$

$$F = \frac{V_0}{V}$$

$$V = \frac{V_0}{F}$$

$$N_0 V_0 = N \frac{V_0}{F} = \frac{NV_0}{F}$$

$$F = \frac{N}{N_0}$$

$$\therefore F = \frac{N}{N_0} = \frac{V_0}{V}$$

그러므로 소정의 노르말농도(N_0)에 역가를 곱하면 실제 노르말농도(N)가 되며, 실제 노르말 용액 VmL에 역가를 곱하면 대응하는 소정 규정액의 mL 수(V_0)가 된다.

한편, 역가가 1보다 크다는 것은 소정의 노르말농도보다 용액이 진하다는 뜻이며, 1보다 작다는 것은 묽다는 뜻이다.

소정의 노르말농도보다 진한 농도의 용액을 역가 1로 만들려면 노르말 용액의 'mL수 × (F−1)' 의 증류수를 추가하면 된다.

0.1 N H_2SO_4(F=1.200) 500mL에 증류수 얼마를 추가하면 역가 1인 0.1N H_2SO_4 용액이 될까?

(1.200−1.000)×500 = 100mL의 증류수를 추가하면 된다.

4. 표준용액의 조제 및 표정

1) 1차 표준물질로 표정하는 방법

용액을 표정할 때 순수한 고체를 1차 표준물질을 사용하여 표정할 수 있다. 이 때 1차 표준물질은 정제하기 쉬워야 하며, 반응이 정량적으로 이루어져야 하고, 당량 중량이 커서 칭량 오차를 줄일 수 있어야 한다. 또한 흡습, 풍화, 공기 산화 없이 오래 보관할 수 있어야 한다.

1차 표준물질을 사용하여 용액의 역가를 측정하려면 일정한 양의(ㄱg) 표준물질에 대한 소정의 노르말 용액의 이론적 mL 수 (V_0)를 계산한 후 표준물질(ㄱg)에 대한 실제 소비 mL 수(V)로 부터 다음과 같이 계산한다.

$$F = \frac{V_0}{V} = \frac{\text{표준물질 ㄱg과 반응할 소정의 노르말 용액의 이론적 ml 수}}{\text{표준물질 ㄱg과 실제로 반응한 표정하려는 용액의 ml 수}}$$

$$V_0(\text{이론치}) = \frac{1{,}000 \times \text{ㄱ (표준물질 ㄱg)}}{\text{소정의 노르말 용액 1,000ml에 대응하는 표준물질의 g 수}}$$

분자량 100.11인 중탄산칼륨($KHCO_3$) 2.000g을 중화하는 데 1N 염산 HCl 용액 20.00mL가 소비되었다면 1N HCl 용액의 역가는?

• $KHCO_3 + HCl \longrightarrow KCl + H_2O + CO_2$

$KHCO_3$ 100.11 g : 1 N HCl 1,000mL = ㄱ : V_0

$$V_0 = \frac{1{,}000 \times ㄱ}{100.11} = 9.989 \times 2.000 = 19.98$$

$$F = \frac{V_0}{V} = \frac{19.98}{20.00} = 0.999$$

2) 2차 표준물질로 표정하는 방법

농도를 정확히 아는 2차 표준물질을 사용하는 표정은 간접적인 방법이며, 1차 표준물질을 사용할때보다 정밀도는 조금 떨어지지만 편리해서 많이 사용되는 방법이다. 노르말농도 N_0인 2차 표준물질 V_0 mL와 표정하려는 노르말농도 N인 용액의 V mL가 서로 당량일 때 $N_0V_0=NV$이므로

$F = \frac{N}{N_0}$을 이용하여 구할 수 있다.

역가 0.999인 0.1N 수산화나트륨(NaOH) 용액 20mL을 중화할 때 표정하려는 0.1N 염산(HCl) 용액 21.00mL가 소비되었다면 이 용액의 역가는 얼마인가?

$0.1 \times 0.999 \times 20 = N \times 21.00$

$N = 0.0951$

$$F = \frac{0.0951}{0.1} = 0.951$$

5. 산·알칼리 표준용액의 조제 및 표정

1) 산 표준용액의 조제 및 표정

산 표준용액으로는 염산 HCl 또는 황산 H_2SO_4을 사용한다. 일반적으로 염산 용액이 많이 사용되고, 황산용액은 뜨거운 용액의 적정이나 과량의 산 존재하에 장시간 가열할 필요가 있을 때 사용한다. 그러나 질산 HNO_3은 아질산 HNO_2을 함유하여 아질산이 지시약에 대해 산화파괴작용을 하기 때문에 사용하지 않는다. 산의 1차 표준물질로는 탄산나트륨 Na_2CO_3, 중탄산칼륨 $KHCO_3$이 주로 사용되며, 농도를 아는 2차 표준물질을 사용하여 표정하기도 한다.

| 식품(산업)기사 실기 작업형 1 | 농도 변경

실험 1

a% 수크로오스sucrose 용액과 b% 수크로오스용액을 혼합하여 c% 용액 100 mL를 만들려고 한다. 이때 a% 수크로오스용액과 b% 수크로오스용액의 필요량을 구한 후 c% 수크로오스용액 100mL 만드시오(a, b, c 값은 감독위원이 무작위 지정).

1) a% 수크로오스용액 조제작업 : a% 수크로오스용액 100mL를 조제하는 데 필요한 수크로오스 양을 계산하여 칭량한 후 증류수에 녹이고 100mL 메스플라스크에 옮겨 증류수를 가하여 정용한다.
2) b% 수크로오스용액 조제작업 : b% 수크로오스용액 100mL를 조제하는 데 필요한 수크로오스 양을 계산하여 칭량한 후 증류수에 녹이고 100mL 메스플라스크에 옮겨 증류수를 가하여 정용한다.
3) c% 수크로오스용액 100mL를 만드는 데 필요한 각각의 용액의 양을 계산한다.
4) 앞의 **3)**에서 계산된 a% 수크로오스용액과 b% 수크로오스용액을 혼합하여 c% 수크로오스용액 100mL를 조제한다.

5) c% 수크로오스용액 100mL가 정확히 만들어졌는지 확인하기 위하여 당도계로 당도를 측정한다.

답안지 : 모범답안은 감독위원 실험값 20% 내

【실험결과】

a% 수크로오스용액 조제에 필요한 수크로오스 양(g) :

b% 수크로오스용액 조제에 필요한 수크로오스 양(g) :

c% 수크로오스용액 100mL를 만든 데 필요한 a%, b% 용액 각각의 양 :

당도계 측정 당도값(감독위원이 확인)

예를 들어, 'a=8% b=3% c=6%' 가 주어지고, c% 용액 100mL를 만들어야 된다면,

a 8% --------- (6−3) = 3mL × 20 = 60mL

↘ ↗

c 6%

↗ ↘

b 3% --------- (8−6) = 2mL × 20 = 40mL

5mL × 20 = 100mL

8% 수크로오스용액 조제에 필요한 수크로오스 양(g) : 8g의 수크로오스를 칭량한 후 증류수에 녹이고 100mL 메스플라스크에 옮겨 증류수를 가하여 정용한다.

• 3% 수크로오스용액 조제에 필요한 수크로오스 양(g) : 3g의 수크로오스를 칭량한 후 증류수에 녹이고 100mL 메스플라스크에 옮겨 증류수를 가하여 정용한다.

• 6% 수크로오스용액 100mL를 만드는 데 필요한 a%, b% 용액 각각의 양 : 8% 수크로오스용액 60mL과 3% 수크로오스용액 40mL를 혼합하여 6% 수크로오스용액 100mL를 제조한다.

(1) 비중 및 농도로부터 산출하는 방법

1급 이상의 염산이나 황산용액을 사용한다. 비중을 알고 있는 황산용액과 염산용액 1,000mL를 조제하는 데 필요한 1N 산 용액의 부피 V_0(mL)는 표 3-2와 표 3-3에서 비중에 따른 농도를 찾은 후 다음의 식에 의하여 구한다.

$$V_0 = \frac{\text{g당량} \times 100}{\text{비중} \times \text{\% 농도}}$$

표 3-2 염산(HCl)의 비중과 농도

비중	N 농도	% 농도	비중	N 농도	% 농도
1.070	4.158	14.17	1.140	8.648	27.66
1.080	4.784	16.15	1.150	9.327	29.57
1.090	5.414	18.11	1.160	10.04	31.51
1.100	6.037	20.01	1.170	10.74	33.46
1.110	6.674	21.92	1.180	11.45	35.39
1.120	7.317	23.82	1.190	12.15	37.23
1.130	7.981	23.75	1.200	12.87	39.11

표 3-3 황산(H_2SO_4)의 비중과 농도

비중	N 농도	% 농도	비중	N 농도	% 농도
1.810	32.6	89.30	1.830	34.1	92.1
1.820	33.5	90.05	1.832	34.6	92.52
1.822	33.6	90.40	1.834	34.8	93.05
1.824	33.8	40.80	1.836	35.0	93.80
1.826	34.0	91.25	1.838	35.5	94.60
1.828	34.0	91.70	1.840	35.9	95.60

(2) 노르말농도로부터 산출하는 방법

위의 표에서 찾아 $N_0 V_0 = NV$의 공식에 적용하여 계산한다.

실험 2

0.1N HCl(염산)의 조제 및 1차 표준물질($KHCO_3$, Na_2CO_3)에 의한 표정

1. 실험원리

A) 0.1 N HCl의 조제

① 용액 0.1 N 염산 HCl 용액은 그 용액 1,000mL 중에 염산(분자량 36.465) 0.1 g 당량인 3.6465g의 순수한 염산을 함유하고 있다.

② 1급 이상의 염산을 사용하며, 0.1N 염산 1,000mL를 조제하는 데 필요한 0.1N HCl의 양을 $V_0 = \frac{3.6465 \times 100}{1.18 \times 35.4} = 8.73$mL을 계산한다.

B) 1차 표준 물질에 의한 표정

① 표준물질 중탄산칼륨 $KHCO_3$을 사용하는 경우

$KHCO_3 + HCl = KCl + H_2O + CO_2$

0.1N HCl 1,000mL : 10.0114g $KHCO_3 = V_0 : a$

$$V_0 = \frac{1,000 \times a}{10.0114}$$

$$F = \frac{V_0}{V} = \frac{1,000 \times a}{10.0114 \times V} = 99.89 \times \frac{a}{V}$$

② 표준물질 탄산나트륨 Na_2CO_3을 사용하는 경우

$Na_2CO_3 + 2HCl = 2NaCl + H_2O + CO_2$

0.1N HCl 2,000mL : 10.5989g Na_2CO_3 = V_0 : a

0.1N HCl 1,000mL : 5.299g Na_2CO_3 = V_0 : a

1,000mL : 5.299 = V_0 : a

1,000×a = 5.299 × V_0

$$V_0 = \frac{1,000 \times a}{5.299}$$

$$F = \frac{V_0}{V} = \frac{1,000 \times a}{5.299 \times V} = 188.7 \times \frac{a}{V}$$

③ 0.1 N 중탄산칼륨 $KHCO_3$ 또는 탄산나트륨 Na_2CO_3 용액을 제조한 경우

$$F = \frac{N}{N_0}$$

$$NFV = N_0 F_0 V_0$$

$$F_0 = \frac{NFV}{N_0 V_0}$$

2. 시약 및 기구

> ■ 메틸레드
> pH 4.4 이하에서는 적색, pH 6.6 이상에서는 황색을 나타내는 지시약
> 제조방법 : 90%의 에탄올을 사용한 0.2%의 용액을 제조한다.

■ 시약 : 염산(HCl, 분자량 36.465, 비중 1.18,35.4%),
탄산나트륨(Na_2CO_3, 분자량 105.989),
중탄산칼륨($KHCO_3$, 분자량 100.114),
메틸레드(Methyl Red)

■ 기구 : 저울, 비커(250mL), 삼각플라스크(100mL), 메스플라스크(1000mL), 메스실린더(100mL), 피펫(10mL), 피펫에이드, 뷰렛(25mL), 뷰렛스탠드, 전열기, 금망, 스포이트, 증류수병, 유산지, 시약스푼

3. 실험방법

① 염산 원액 8.73mL를 취한다.

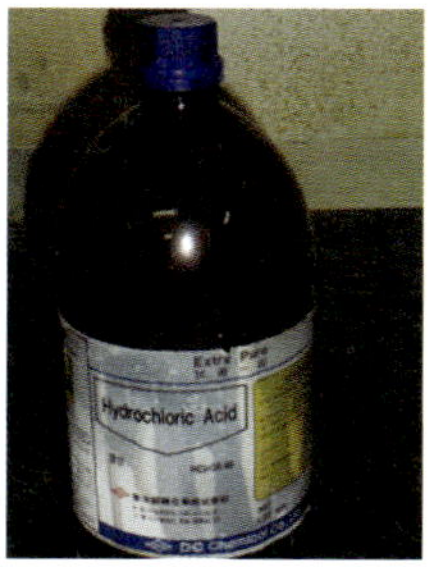

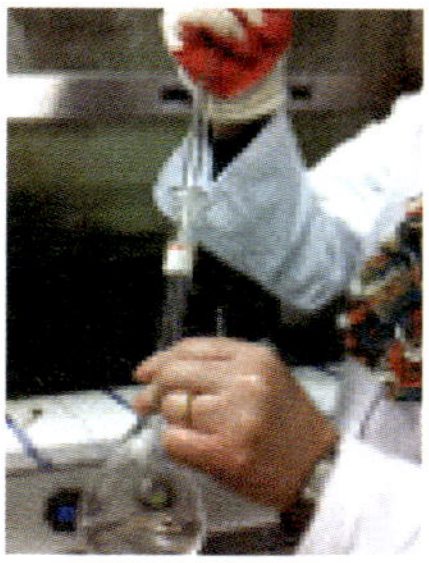
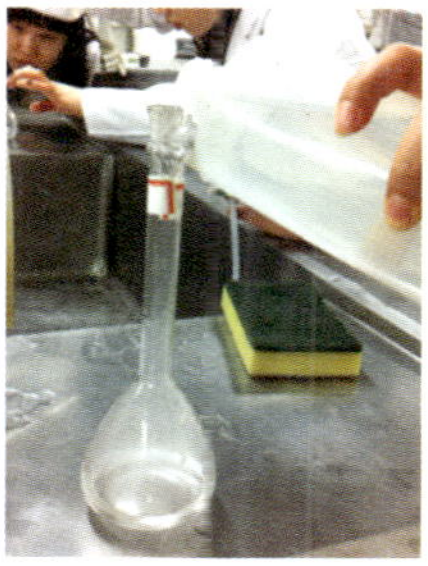
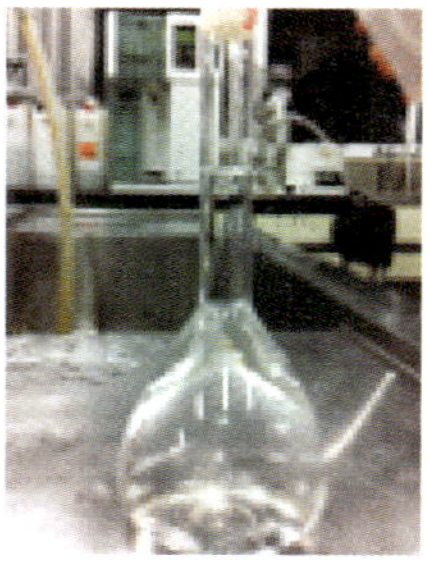

② 증류수를 반쯤 채운 1,000mL 메스플라스크에 염산용액을 넣고 잘 혼합한 후 증류수로 표선까지 정용하고 혼합한다.

■ 메틸레드지시약 제조법 표기
M.R 1g을 증류수에 녹여 100mL로 정용한다.

③ 미리 건조하여 데시케이터에서 방랭한 탄산나트륨 Na_2CO_3 또는 중탄산칼륨 $KHCO_3$ 약 0.2g을 칭량하여 삼각플라스크에 넣고 증류수 20mL에 용해한다.

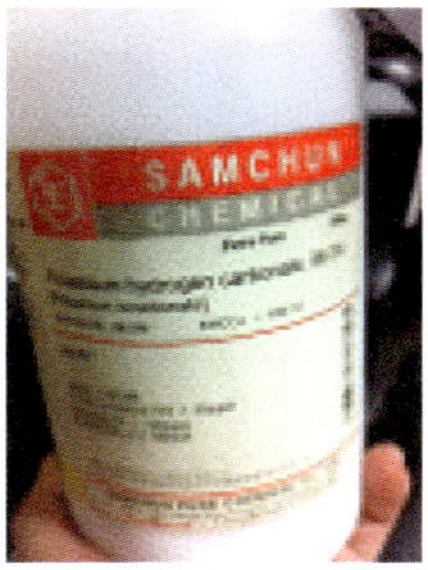

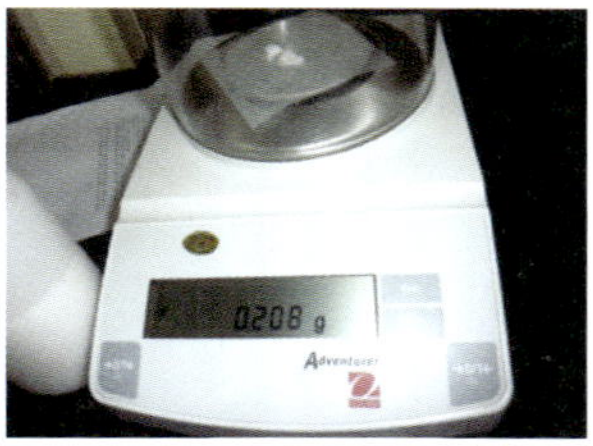

④ 앞서 ③에 지시약 메틸레드 2~5방울을 떨어뜨린다.

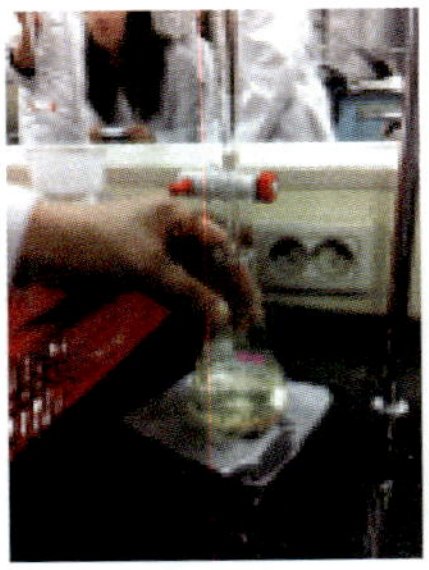

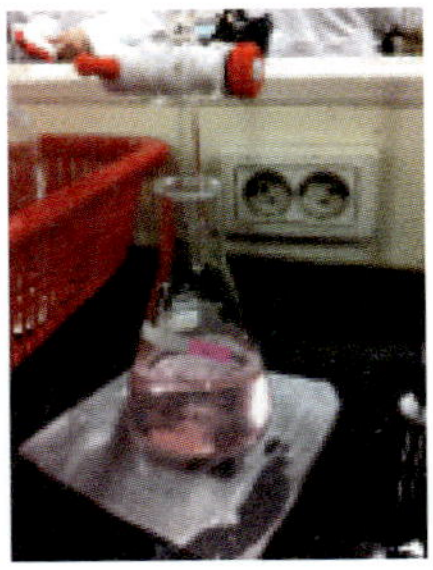

⑤ 앞서 ②에서 조제한 0.1 N 염산을 뷰렛에 넣어 황색에서 적색이 될 때까지 적정한다.

⑥ 용기 내벽을 소량의 물로 씻고 금망 위에서 3분 끓여 이산화탄소 CO_2를 날려 보낸다

⑦ 냉각 후 다시 황색이 되면 다시 1방울씩 떨어뜨려 20초간 적색이 지속되면 종말점으로 한다.

4. 결과 및 계산

① 표준물질로 중탄산칼륨 $KHCO_3$을 사용한 경우:

$$F = \frac{99.89 \times a}{V}$$

	1회	2회	3회
중탄산칼륨 사용량(a, g)			
0.1N HCl의 사용량 (V, mL)			
0.1N HCl의 Factor			
0.1N HCl의 평균 Factor			

② 표준물질로 탄산나트륨 Na_2CO_3을 사용한 경우

$$F = \frac{188.7 \times a}{V}$$

	1회	2회	3회
탄산나트륨 사용량(a, g)			
0.1N HCl의 사용량(V, mL)			
0.1N HCl의 Factor			
0.1N HCl의 평균 Factor			

5. 고찰

• 1차 표준물질

• 표정

6. 참고자료

실험 3

0.1N H_2SO_4(황산) 표준용액 조제 및 1차 표준물질(Na_2CO_3)에 의한 표정

1. 실험원리

① 용액 0.1N 황산 H_2SO_4 용액은 그 용액 1,000mL 중에 황산(분자량 98.08) 0.1g 당량인 4.904g의 순수한 황산을 함유하고 있다.

② 진한 황산을 사용하며, 0.1N 황산 1,000mL를 조제하는 데 필요한 0.1N 황산의 양은 2.79mL이다.

$$V_0 = \frac{4.904 \times 100}{1.84 \times 95.6} = 2.79\text{mL}$$ 을 계산한다.

③ 표준물질 탄산나트륨 Na_2CO_3을 사용하는 경우

$$H_2SO_4 + Na_2CO_3 = Na_2SO_4 + H_2O + CO_2$$

$$0.1N\ H_2SO_4\ 1{,}000\text{mL} = 5.3002\text{g}\ Na_2CO_3$$

$$1{,}000\text{mL} : 5.3002 = V_0 : a$$

$$V_0 = \frac{1{,}000 \times a}{5.3002}$$

$$F = \frac{V_0}{V} = \frac{1{,}000 \times 0}{5.2002 \times V} = 188.7 \times \frac{a}{V}$$

2. 시약 및 기구

- 시약 : 황산(H_2SO_4, 분자량 98.08, 비중 1.84, 95.6%),
  탄산나트륨(Na_2CO_3, 분자량 105.989)
  메틸레드(Methyl Red)
- 기구 : 비커(250mL),
  삼각플라스크(100mL),
  메스플라스크(1000mL),
  메스실린더(100mL),
  뷰렛(25mL), 뷰렛스탠드,
  피펫(10mL), 피펫에이드
  전열기, 금망,

■ 메틸레드
pH 4.4 이하의 적색, pH 6.6 이상의 황색을 나타내는 지시약
제조방법 : 90%의 에탄올을 사용하여 0.2%의 용액을 제조한다.

유산지, 시약스푼,

스포이트,

저울,

증류수병,

3. 실험 방법

① 진한 황산 2.79mL를 비커에 넣고 조심스럽게 증류수를 넣어 냉각시킨 후 1,000mL 메스플라스크에 넣고 증류수로 표선까지 정용하고 혼합한다.

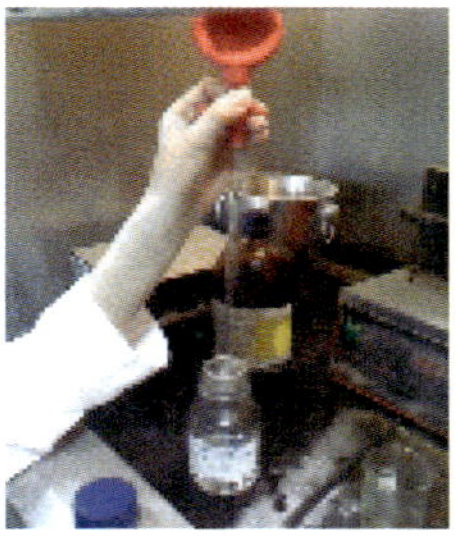

② Na_2CO_3 약 0.2g을 칭량하여 삼각플라스크에 넣고 증류수 20mL에 용해시킨다

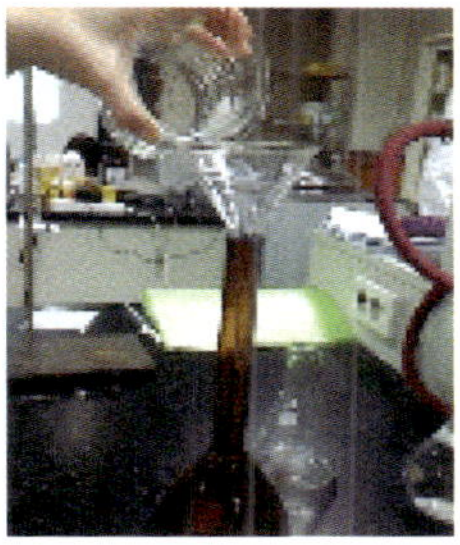

③ 지시약 메틸레드 2방울을 떨어뜨린다.

④ 앞서 ①에서 조제한 황산을 뷰렛에 넣고 황색에서 적색이 될 때까지 적정 한다

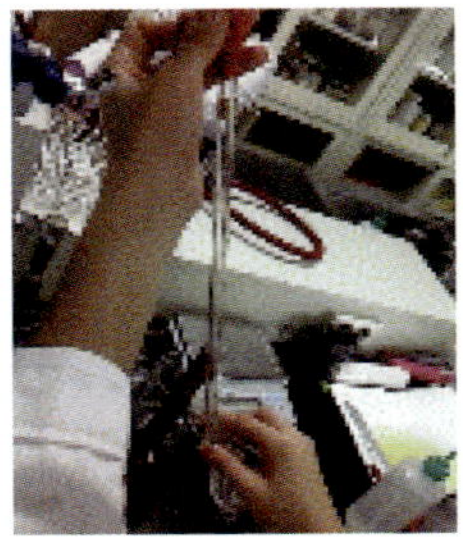

⑤ 용기 내벽을 소량의 물로 씻고 금망 위에서 3분간 끓여 CO_2를 날려 보낸다

⑥ 냉각 후 적색이 없어지면 다시 적색이 될 때까지 적정한다.

4. 결과 및 계산

$$F = 188.7 \times \frac{a}{V}$$

	1회	2회	3회
탄산나트륨(a g)			
0.1N H_2SO_4의 사용량 (V mL)			
0.1N H_2SO_4의 Factor			
0.1N H_2SO_4의 평균 Factor			

5. 고찰

- 1차 표준물질에 의한 표정

6. 참고자료

2) 알칼리 표준용액의 조제 및 표정

실험 4

알칼리 표준용액(0.1N NaOH)의 조제 및 1차 표준물질(중프탈산칼륨)에 의한 표정

1. 실험원리

① 0.1N NaOH 용액 1,000mL 중에는 수산화나트륨(NaOH, 분자량 40.00) 0.1g 당량인 4.00 이 함유되어 있다. 시판 수산화나트륨은 탄산염을 불순물로 함유하고 있어 1급품의 순도가 90% 정도이므로 10% 정도 여유를 둔 4.4g 정도를 칭량한다.

알칼리 표준용액 표정용 1차 표준물질로는 주로 중프탈산칼륨, 옥살산, 안식향산 등이 사용된다.

② 중프탈산칼륨($C_6H_4(COOK)COOH$, 분자량 204.217)으로 표정할 때

$KHC_8H4O_4 + NaOH = KNaC_8H4O_4 + H_2O$ 0.1N

NaOH 1,000mL : 20.4217g $KHC_8H_4O_4 = V_0 : a$

1,000mL : 20.4217g = $V_0 : a$

$$V_0 = \frac{1{,}000 \times a}{20.4217} \text{ mL(이론소비량)}$$

$$F = \frac{V_0}{V} = \frac{1{,}000}{20.4217} \times \frac{a}{V} = 48.97 \times \frac{a}{V}$$

2. 시약 및 기구

■ 페놀프탈레인
pH 0~8.2에서는 무색, pH 10.0~12.0에서는 분홍색으로 변하는 지시약
제조방법 : 70% 에탄올을 사용하여 1% 용액을 제조한다.

- 시약 : 수산화나트륨(NaOH, 분자량 40.00),
  중프탈산칼륨($C_6H_4(COOK)COOH$, 분자량 204.217)
  페놀프탈레인(1% phenolphtalein)
- 기구 : 비커(100mL)
  메스실린더(100mL),
  메스플라스크(100mL),
  삼각플라스크(100mL),
  뷰렛(25mL), 뷰렛스탠드,

유리막대,
깔때기,
증류수병,
유선지,
저울

3. 실험과정

① 시판 수산화나트륨 NaOH 약 0.45g을 칭량하여 비커에 넣고 세척병으로 표면의 탄산염을 재빨리 씻어버리고 증류수를 가하여 유리막대로 저어 녹인 후 100mL 메스플라스크에 넣고 CO_2를 함유하지 않은 증류수를 넣어 표선까지 채운 다음 흐르는 물에서 실온으로 식힌다.

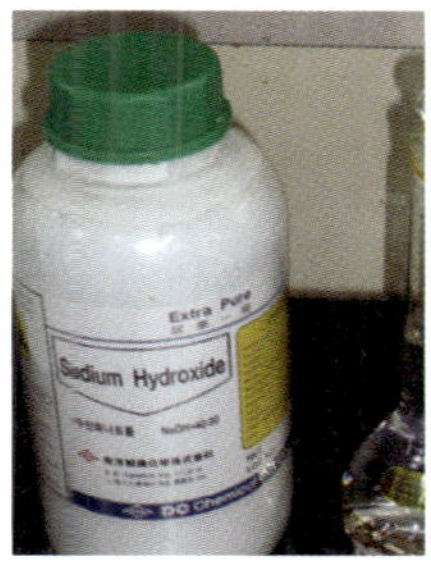

Tip

수산화나트륨은 흡습 · 조해성이 있으므로 0.1N은 4.0g이지만 약 4.4g을 녹인다.

② 특급 중프탈산칼륨 $C_6H_4(COOK)COOH$을 100℃에서 3시간 건조시켜 a g(약 0.5g)을 정밀하게 칭량한, 후 삼각플라스크에 넣고 새로 끓여서 냉각시킨 물 약 70mL에 녹인다.

③ 앞서 ②의 삼각플라스크에 각각 페놀프탈레인 2 방울을 넣는다.

④ 앞서 ①에서 조제한 0.1 N 수산화나트륨 용액을 뷰렛에 넣고 분홍색이 될 때까지 적정한다.

4. 결과 및 계산

$$F = 48.97 \times \frac{a}{V}$$

	1회	2회	3회
중프탈산칼륨 사용량(g)			
0.1N NaOH의 사용량(mL)			
0.1N NaOH의 Factor			
0.1N NaOH의 평균 Factor			

5. 고 찰

- 표정

6. 참고자료

실험 5

알칼리 표준용액(0.1N NaOH)의 조제 및 1차 표준물질(옥살산)에 의한 표정

1. 실험원리

① 0.1N 수산화나트륨 NaOH(분자량 40.00) 용액 1,000mL 중에는 수산화나트륨 0.1g 당량인 4.00이 함유되어 있다. 시판 수산화나트륨은 탄산염을 불순물로 함유하고 있어 1급품의 순도가 90% 정도이므로 10% 정도 여유를 둔 4.4g 정도를 칭량한다.

알칼리 표준용액 표정용 1차 표준물질로는 주로 중프탈산칼륨, 옥살산, 안식향산 등이 사용된다.

② 옥살산($H_2C_2O_4$. $2H_2O$, 분자량 126.068)으로 표정할 때

$H_2C_2O_4.\ 2H_2O + 2NaOH = Na_2C_2O_4 + 4H_2O$

0.1 N NaOH 1,000mL : 6.3034g $H_2C_2O_4.\ 2H_2O = V_0 : a$

1,000mL : 6.3034g $= V_0 : a$

$$V_0 = \frac{1{,}000 \times a}{6.3034}\ \text{mL(이론소비량)}$$

$$F = \frac{V_0}{V} = \frac{1{,}000}{6.3034} \times \frac{a}{V} = 158.6 \times \frac{a}{V}$$

2. 시약 및 기구

- 시약 : 수산화나트륨(NaOH, 분자량 40.001),
  옥살산($H_2C_2O_4$. $2H_2O$, 분자량 126.068).
  증류수($2H_2O$)
  페놀프탈레인(1% phenolphtalein)
- 기구 : 비커(100mL),
  메스실린더(100mL),
  메스플라스크(100mL),
  삼각플라스크(100mL),
  뷰렛(26mL), 뷰렛스탠드,
  유리막대,

> ■ 페놀프탈레인
> pH 0~8.2에서는 무색, pH 10.0~12.0에서는 분홍색으로 변하는 지시약
> 제조방법 : 70% 에탄올을 사용하여 1% 용액을 제조한다.

깔때기,
증류수병,
유선지,
시약스푼,
저울

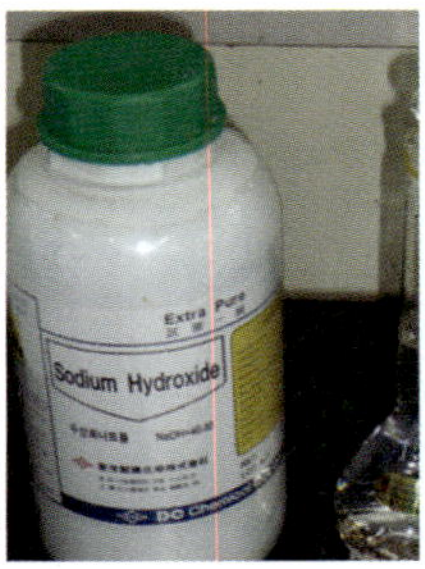

3. 실험과정

① 시판 수산화나트륨 NaOH을 약 0.44g을 칭량하여 비커에 넣고 세척병으로 표면의 탄산염을 재빨리 씻어버리고 증류수를 가하여 유리막대로 저어 녹인 후 100mL 메스플라스크에 넣고, CO_2를 함유하지 않은 증류수를 넣어 표선까지 채운 다음 흐르는 물에서 실온으로 식힌다.

② 옥살산($H_2C_2O_4$. $2H_2O$) a g(약 0.2g)을 정밀하게 칭량한 후 삼각플라스크에 넣고 30~50mL에 녹인다.

③ 앞서 ②의 삼각플라스크에 각각 페놀프탈레인 2방울을 넣는다.

④ 앞서 ①에서 조제한 0.1N NaOH 용액을 뷰렛에 넣고 분홍색이 될 때까지 적정한다.

4. 결과 및 계산

$$F = 158.6 \times \frac{a}{V}$$

	1회	2회	3회
옥살산 사용량(g)			
0.1N NaOH의 사용량(mL)			
0.1N NaOH의 Factor			
0.1N NaOH의 평균 Factor			

5. 고 찰

• 역가(factor)

6. 참고자료

실험 6

알칼리 표준용액(0.1N NaOH)의 조제 및 2차 표준물질(0.1N $H_2C_2O_4-2H_2O$)에 의한 표정

1. 실험원리

① 0.1N 수산화나트륨 NaOH 용액 1,000mL 중에는 NaOH(분자량 40.00) 0.1g 당량인 4.00이 함유되어 있다. 시판 NaOH는 탄산염을 불순물로 함유하고 있어 1급품의 순도가 90% 정도이므로, 10% 정도 여유를 둔 4.4g 정도를 칭량한다.

알칼리 표준용액의 2차 표준물질로는 HCl, H_2SO_4 표준용액을 사용한다.

② 중프탈산수소칼륨 $C_6H_4(COOK)COOH$ 또는 옥살산 $H_2C_2O_4.\ 2H_2O$ 같은 표준물질을 정확히 정확히 칭량하고 물에 녹여 0.1N 표준물질의 용액을 조제한 후 실제농도를 구하고, 이 용액 일정량을 위하여 표정하려는 0.1N NaOH로 적정하여 그 소비량으로부터 다음의 식에 의해 계산한다.

$$F = \frac{N(\text{실제농도})}{N_0(\text{이론농도})} \text{(0.1 N 표준용액의 역가)}$$

$$NFV = N_0F_0V_0$$

$$F'_0 = \frac{NFV}{N'_0V'_0} \text{ (0.1N NaOH 용액의 역가)}$$

2. 시약 및 기구

■ 페놀프탈레인
pH 0~8.2에서는 무색, pH 10.0~12.0에서는 분홍색으로 변하는 지시약
제조방법 : 70% 에탄올을 사용하여 1% 용액을 제조한다.

■ 시약 : 수산화나트륨(NaOH, 분자량 40.001),
옥살산($H_2C_2O_4.\ 2H_2O$, 분자량 126.068),
페놀프탈레인(1% phenolphtalein)

■ 기구 : 비커(100mL),
메스실린더(1000mL),
메스플라스크(100mL),
삼각플라스크(100mL),
뷰렛(25mL), 뷰렛스탠드,
유리막대,

깔때기,

증류수병,

유선지,

시약스푼,

저울

3. 실험과정

① 시판 수산화나트륨 NaOH를 약 0.45g을 칭량하여 비커에 넣고 세척병으로 표면의 탄산염을 재빨리 씻어버리고 증류수를 가하여 유리막대로 저어 녹인 후 100mL 메스플라스크에 넣고 CO_2를 함유하지 않은 증류수를 넣어 표선까지 채운 다음 흐르는 물에서 실온으로 식힌다.

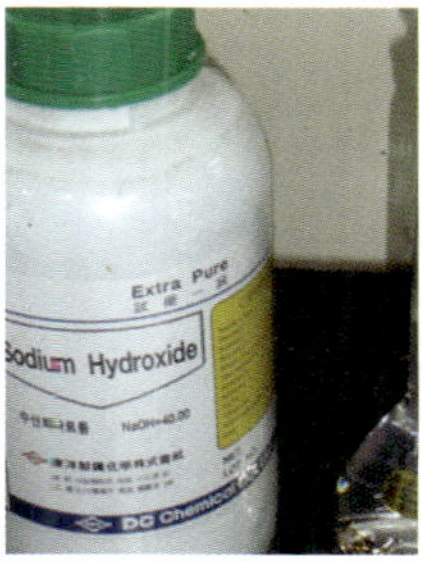

② 옥살산 $H_2C_2O_4 \cdot 2H_2O$ 0.630g 근사치를 정확하게 칭량하여 증류수에 녹여 100mL의 메스플라스크에 넣고 증류수를 가하여 표선까지 채워 0.1N 옥살산 용액을 조제한다.

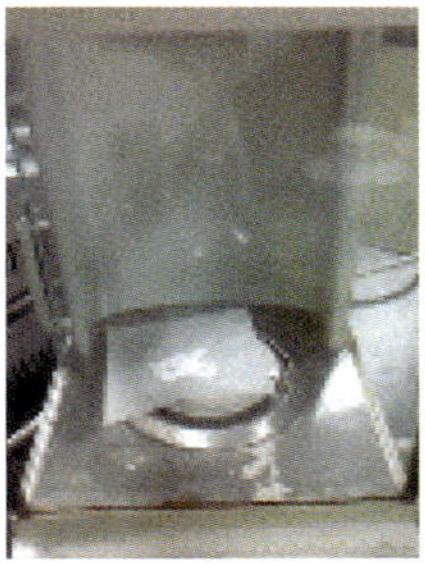

③ 앞서 ②의 용액 25mL을 삼각플라스크에 넣고 페놀프탈레인 2방울을 넣는다.

④ 앞서 ①에서 조제한 0.1N 수산화나트륨 용액을 뷰렛에 넣고 분홍색이 될 때까지 적정한다.

4. 결과 및 계산

① 0.1 N 옥살산의 역가

옥살산의 실제 사용량

$$F = \frac{\text{옥살산의 실제 사용량}}{0.63034}$$

② 0.1 N 수산화나트륨 NaOH의 역가

$$F = \frac{NVF}{N''V'}$$

N: 0.1 N 옥살산의 농도, V: 옥살산의 사용량, F: 옥살산의 역가

N″: 0.1 N 수산화나트륨의 농도, V′ : 0.1 N 수산화나트륨의 사용량

		1회	2회	3회
0.1N 옥살산 Factor	옥살산의 실제 사용량 (g)			
	0.1N 옥살산의 Factor			
	0.1N 옥살산의 평균 Factor			
0.1N NaOH Factor	옥살산 사용량(mL)			
	옥살산의 Factor			
	0.1N NaOH 사용량			
	0.1N NaOH Factor			
	0.1N NaOH 평균 Factor			

5. 고찰

- 2차 표준물질에 의한 표정

6. 참고자료

| 식품(산업)기사 실기 작업형 2 | 알칼리 표준용액의 조제 및 표정

실험 7

1. 실험원리

① 0.1N 수산화나트륨 NaOH(분자량 40.0) 용액 1,000mL 중에는 수산화나트륨 0.1g 당량인 4.00이 함유되어 있다. 시판 수산화나트륨에는 탄산염을 불순물로 함유하고 있어 1급품의 순도가 90% 정도이므로 10% 정도 여유를 둔 4.4g 정도를 칭량한다.

알칼리 표준용액의 2차 표준물질로는 염산이나 황산 표준용액을 사용한다.

② 0.1N 염산용액으로 표정하는 방법

$NaOH + HCl = NaCl + H_2O$

$NV = N_0V_0$

$$\text{Factor} = \frac{0.1N - HCl\,mL \times F'}{0.1N\ NaOH\ \text{용액}\ mL}$$

2. 시약 및 기구

■ 메틸오렌지
pH 3.1 이하에서는 적색, pH 4.4 이상에서는 황색을 나타내는 지시약
제조방법 : 증류수로 1% 메틸오렌지 제조

- 시약 : 수산화나트륨(NaOH, 분자량 40.001),
  0.1N HCl(시판 특급, factor 적힌 것)
  메틸오렌지(1% methyl orange)
- 기구 : 비커(100mL),
  메스실린더(100mL),
  메스플라스크(100mL),
  삼각플라스크(100mL),
  뷰렛(25mL), 뷰렛스탠드,
  유리막대,
  깔때기,
  증류수병,
  유선지,
  시약스푼,
  저울

3. 실험과정

① 시판 수산화나트륨 NaOH 약 0.45g을 칭량하여 비커에 넣고 세척병으로 표면의 탄산염을 재빨리 씻어버리고 증류수를 가하여 유리막대로 저어 녹인 후 100mL 메스플라스크에 넣고 CO_2를 함유하지 않은 증류수를 넣어 표선까지 채운 다음 흐르는 물에서 실온으로 식힌다.

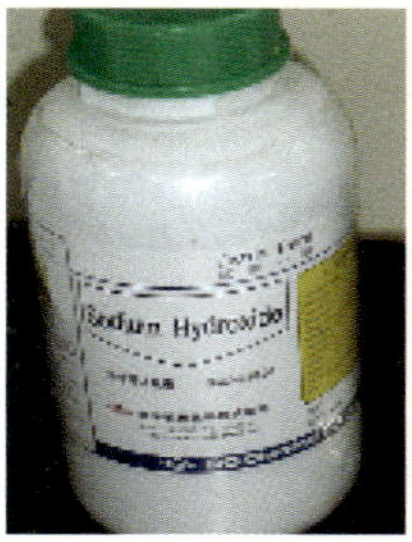

② Factor를 알고 있는 0.1N-HCl 20mL를 삼각플라스크에 취한 다음 증류수 50mL를 넣는다.

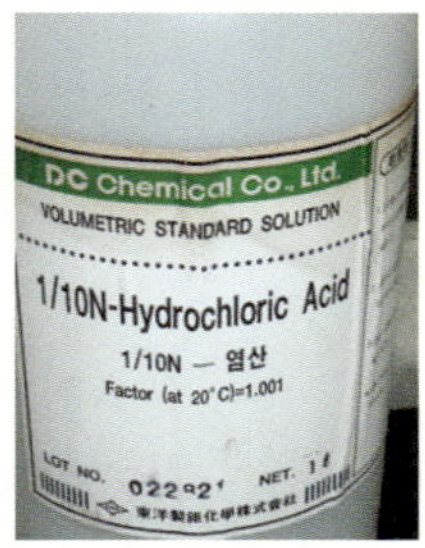

③ 앞서 ②의 삼각플라스크에 각각 메틸오렌지 2방울을 넣는다.

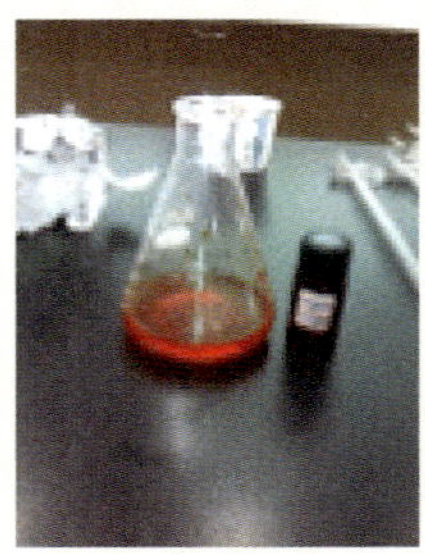

④ 앞서 ①에서 조제한 0.1N NaOH 용액을 뷰렛에 넣고 등적색에서 황색이 될 때까지 적정한다.

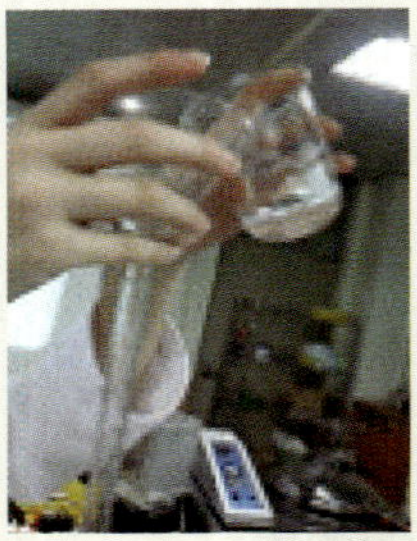

4. 결과 및 계산

$$\text{NaOH의 Factor} = \frac{\text{HCl의 N} \times \text{HCl의 채취량} \times \text{HCl의 F}}{\text{NaOH의 N} \times \text{NaOH의 소비량}}$$

	1회	2회	3회
0.1 N HCl의 채취량(mL) (F=)			
0.1N NaOH의 소비량(mL)			
0.1N NaOH의 Factor			
0.1N NaOH의 평균 Factor			

5. 고찰

• 2차 표준물질에 의한 표정

6. 참고자료

【예】: 0.1 N NaOH의 역가를 제시된 결과에 따라 계산하세요.

(소수점 넷째 자리에서 반올림하여 셋째 자리까지 계산하세요.)

측정항목	측정값(g)	
0.1 N 염산(또는 황산) 채취량	20	0.1 N NaOH의 $F = \frac{(0.1 \times 20 \times 1.020)}{0.1 \times 21}$
0.1 N 염산(또는 황산)의 역가	1.020	$= 0.9714$
소비된 0.1 N NaOH의 양(mL)	21	$\fallingdotseq 0.971$

3) 식품 중 유기산 정량

실험 8

식품 중 유기산 정량

1. 실험 원리

조제한 알칼리 표준용액을 이용하여 식품 중에 함유된 유기산을 중화적정법으로 구할 수 있다.

① 유기산 계수

<table>
<tr><th>식품</th><th>밀감류</th><th>포도</th><th>사과</th><th>식초</th><th>요구르트</th><th>청주, 조개</th></tr>
<tr><td>대표적인 유기산</td><td>구연산
(citric acid)</td><td>주석산
(tartaric acid)</td><td>사과산
(malic acid)</td><td>초산
(acetic acid)</td><td>젖산
(lactic acid)</td><td>호박산
(succinic acid)</td></tr>
<tr><td>분자식</td><td>CH_2COOH
|
$C(OH)COOH$
|
CH_2COOH</td><td>COOH
|
H-C-OH
|
H-C-OH
|
COOH</td><td>CH_2COOH
|
H-C-OH
|
COOH</td><td>CH_3COOH</td><td>OH
|
H-C-COOH
|
CH_3</td><td>CH_2COOH
|
CH_2COOH</td></tr>
<tr><td>분자량</td><td>192</td><td>150</td><td>134</td><td>60</td><td>90</td><td>118</td></tr>
<tr><td>1g 당량</td><td>64</td><td>75</td><td>67</td><td>60</td><td>90</td><td>59</td></tr>
<tr><td>유기산 계수</td><td>0.0064</td><td>0.0075</td><td>0.0067</td><td>0.0060</td><td>0.0090</td><td>0.0059</td></tr>
</table>

② 구연산과 수산화나트륨 NaOH의 중화 반응식

$$\begin{array}{l} CH_2COOH \\ | \\ C(OH)COOH \\ | \\ CH_2COOH \end{array} + 3\ NaOH \rightarrow \begin{array}{l} CH_2COONa \\ | \\ C(OH)COONa \\ | \\ CH_2COONa \end{array} + 3H_2O$$

2. 시약 및 기구

- 시료 : 식초
- 시약 : 수산화나트륨(0.1N NaOH)
  페놀프탈레인(1% phenolphtalein) 용액
- 기구 : 피펫(10mL), 피펫에이드
  삼각플라스크(또는 비커 100mL),
  뷰렛(25mL), 뷰렛스탠드,
  메스플라스크(100mL),
  증류수병,
  깔때기

■ 페놀프탈레인
pH 0~8.2에서는 무색, pH 10.0~12.0에서는 분홍색으로 변하는 지시약
제조방법 : 70% 에탄올을 사용하여 1% 용액을 제조한다.

3. 실험방법

① 100mL 메스플라스크에 식초를 각각 10~20mL씩 넣고(고체 시료의 경우 10~20g을 유발에 취해 마쇄한 후) 증류수로 100mL(**a**)를 채워 잘 섞는다(**s**).

② 삼각플라스크에 피펫으로 ①의 식초용액을 각각 25mL(**b**)씩 취한다.

③ 삼각플라스크에 1% 페놀프탈레인을 1~2방울 넣는다.

④ 뷰렛에 0.1N NaOH(F=1.002)를 넣고 무색에서 분홍색이 될 때까지 적정한다(**v**).

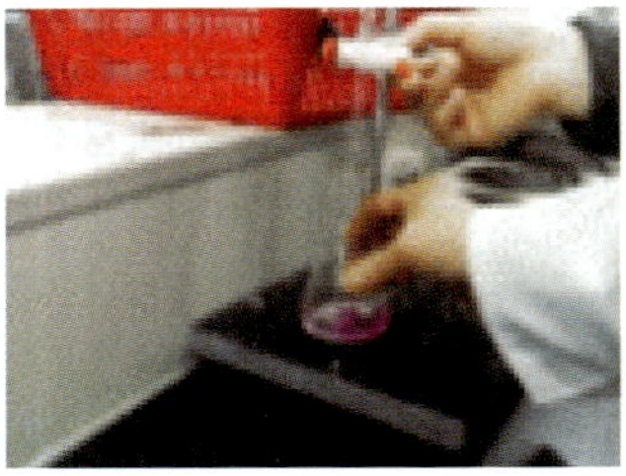

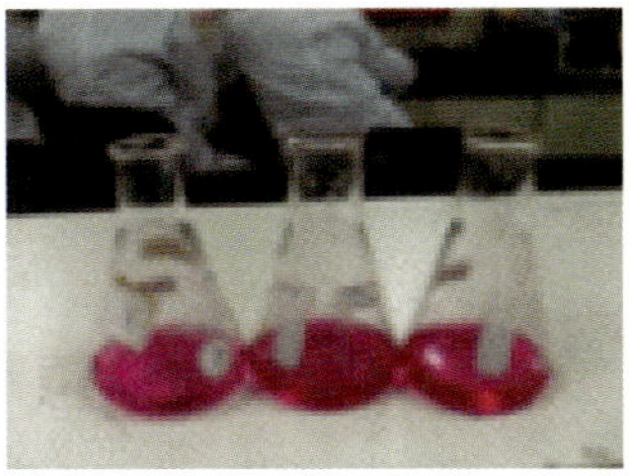

4. 결과 및 계산

유기산 함량(%)= V * F * 유기산 계수 * D * (1/S) * 100 =

V: 0.1 N NaOH의 소비량(mL)

F: 0.1 N NaOH의 역가

D: 희석 배수

S: 시료의 양

식품	식초		
	1회	2회	3회
0.1N NaOH의 소비량 mL (V)			
0.1N NaOH의 역가			
희석배수(a/b)			
시료의 양 (S)			
유기산 종류			
유기산 계수			
유기산 함량			
평균 유기산 함량			

5. 고찰

- 식품의 유기산

6. 참고자료

| 식품(산업)기사 실기 작업형 3 | 총산도 측정

실험 9

요구사항

- 식품공전에 의거하여 아래와 같이 총산도 실험을 하시오.

1) 시료의 채취 및 전처리작업을 하시오.
   ① 시료 10mL를 피펫으로 정밀히 취하여 100mL 메스플라스크에 넣으시오.
   ② 끓여서 식힌 물을 가하여 100mL로 정용하시오.
   ③ 메스플라스크 마개를 막고 혼합하시오.
2) 희석된 시료 100mL 중 20mL를 정확히 취해 삼각플라스크에 넣으시오.
3) 제시된 3가지 지시약 중 올바른 것을 선택하여 적정량을 가하시오.
4) 제시된 0.1N 수산화나트륨용액 일정량을 깔때기를 이용하여 뷰렛에 넣고 적정하시오.
5) 측정값을 이용하여 총산을 계산하시오.
   (단, 계산결과는 소수점 둘째 자리에서 반올림하여 첫째 자리까지 나타내시오.)

답안지 : 모범답안은 감독위원 실험값 20% 내

【실험결과 1】
시료량 :
0.1N 수산화나트륨용액 소비량 :
0.1N 수산화나트륨용액 역가 :
희석배수 :

【실험결과 2】

계산과정 :

산도 (%) = $(V \times F \times D \times 0.006 \times 100)/S$

V : 0.1N NaOH 소비량(mL)

F : 0.1N NaOH 역가

D : 희석배수

S : 시료량

0.006 : 0.1N NaOH 1mL에 상당하는 초산의 양(g)

예를 들어, 식초를 실험하였을 때, "페놀프탈레인"을 지시약으로 사용하여 무색이 분홍색이 될 때까지 적정하여 0.1N NaOH(F=1.001)가 22ml 소비되었다.

【실험결과 1】

시료량 : 10mL

0.1N 수산화나트륨용액 소비량 : 22mL

0.1N 수산화나트륨용액 역가 : 1.001

희석배수 : 5(100/20)

【실험결과 2】

계산과정 :

산도 (%) =$(V \times F \times D \times 0.006 \times 100) / S$

V : 0.1N NaOH 소비량 (mL)

F : 0.1N NaOH 역가

D : 희석배수

S : 시료량

0.006 : 0.1N NaOH 1mL에 상당하는 초산의 양(g)

산도 = $(22 \times 1.001 \times 5 \times 0.006 \times 100)/10 = 6.6\%$

PART 2

식품성분 분석

CHAPTER 4

수분 정량

1. 건조감량법
2. 증류법
3. 칼피셔법

식품의 성분분석은 정량분석(식품 성분의 함유량 분석)과 정성분석(성분의 함유 여부 판단)의 두 가지로 구분된다.

정량분석quantitative analysis은 시료를 구성하는 각 성분의 양적 관계를 분석하는 방법이며, 정성분석qualitative analysis은 어떤 시료 중에 있는 특정 원소, 7`, 화합물이 함유되어 있는지 없는지를 검출detection · 확인 idertification하는 것으로 대부분의 반응은 시험관 내에서 수행된다. 이 때문에 정성븐석은 실험방법이 간단한 것이 많고 양적인 관계는 고려하지 않아도 되므로 정량분석보다는 실험이 쉬운 편이다.

수분은 건조감량법, 증류법 및 칼피셔법 등에 의해 정량된다.

1. 건조감량법

1) 상압가열건조법

상압가열건조법은 시료를 물의 끓는점보다 약간 높은 온도인 105℃에서 상압 건조시켜 그 감소되는 양을 수분량으로 하는 방법이다. 가열에 불안정하거나 휘발성 성분을 많이 함유한 식품에서는 정확도가 낮은 단점이 있으나 원리가 간단하여 여러 가지 식품에 많이 이용된다.

■ 곡류, 두류, 과자류 등 수분함량이 적은 시료

항량 constant weight을 구한 칭량병에 2~10g의 시료를 정확히 칭량한 후 105~110℃ 정온건조기에 넣고 뚜껑을 열어 건조한 후 뚜껑을 닫고 데시케이터에서 방랭하여 칭량한다. 이와 같이 가열, 방랭, 칭량을 반복하여 항량을 구하고 건조 전후의 중량의 차를 수분함량으로 한다.

■ 육류, 채소류, 과실류 등 수분함량이 많은 시료

조금 많은 양의 시료를 칭량하여 신선물의 중량을 구한 후 얇게 잘라 풍건이나 40~60℃의 저온에서 예비 건조시킨다. 다시 칭량한 후 분쇄하여 그중 2~10g의 시료를 항량이 된 칭량병에 넣어 105~110℃에서 가열, 방랭, 칭량하여 수분함량을 측정한다.

■ 우유, 물엿, 시럽 등 액체 또는 점질상의 시료

높은 온도로 가열한 후 냉각한 정제 해사나 규조토 10~30g, 작은 유리막대를 대형 자제접시 porcelain dish 또는 칭량접시에 놓고 100~105℃의 정온건조기에서 건조시켜 미리 항량을 구한다. 이것에 시료 2~20g을 정확히 칭량하여 섞은 후 수욕상에서 유리막대로 잘 저어주면서 풀 모양이 될 때까지 수분을 증발시킨 다음 105~110℃에서 가열, 방랭, 칭량하여 수분함량을 측정한다.

■ 간이 신속법

130~135℃에서 건조시킨 후 항량을 구한 알루미늄 칭량접시에 밀가루, 빵, 면류, 콩가루, 탈지 대두 등의 시료 약 2g을 정확히 칭량한 후 130±3℃에서 1시간 건조하여 데시케이터에 방랭한 후 한 번만 중량을 달아 수분함량을 구한다. 쌀, 밥, 쌀가루, 콩은 135±2℃에서 2~3시간 건조시키며, 생육과 그 가공품은 5g 정도를 125℃에서 2~4시간 건조한 후 방랭하여 칭량한 후 수분함량을 구한다.

2) 감압가열건조법

감압가열건조법은 진공건조법이라고도 하며, 감압함으로써 100℃ 이하의 건조온도에서 시료 중의 수분을 완전히 제거함과 동시에 공기산화와 열분해를 최소화할 수 있고, 균일한 시료에서는 정확도와 재현성이 높다. 대상 식품에 따라 열에 안정한 식품은 98~100℃로 가열하며, 열에 불안정한 식품은 60~70℃에서 가열, 건조, 칭량하여 수분함량을 구한다.

3) 적외선 수분측정기에 의한 건조법

천칭과 적외선램프로 구성된 적외선 수분측정기의 시료접시 위에 시료를 놓고 적외선램프로 가열하여 건조시켜 그 건조감량을 수분함량으로 환산하는 방법이다. 신속하고 정확하게 수분 정량을 할 수 있어, 식품산업에서 광범위하게 이용된다.

2. 증류법

시료를 수분과 혼합되지 않은 유기용매 중에서 가열하면 검체 중의 수분 또는 수분과 용매의 혼합 증기가 증류된다. 이것을 냉각시켜 눈금이 있는 냉각관에 모아서 유출된 수분의 함량을 구하는 방법이다.

3. 칼피셔(Karl Fisher)법

피리딘 및 메탄올의 존재하에 물이 요오드 및 아황산가스와 정량적으로 반응하는 것을 이용하여 칼피셔 시액으로 시료의 수분을 정량하는 방법이다.

칼피셔법의 반응식은 다음과 같다.

$$H_2O + I_2 + SO_2 + 3C_5H_5N = 2(C_5N_5N^+H)I^- + C_5H_5N \cdot SO_3$$

$$C_5H_5N \cdot SO_3 + CH_3OH = (C_5H_5N^+H)O^-SO_2 \cdot OCH_3$$

$$\longrightarrow H_2O + I_2 + SO_2 + 3C_5H_5N + CH_3OH = 2(C_5H_5N^+H)I^- + C_5H_5N^+H)O^-SO_2 \cdot OCH_3$$

| 식품(산업)기사 실기 작업형 4 | 수분 정량

실험 10

1. 실험제목

– 상압가열건조법을 이용한 수분 정량

2. 목적 및 원리

시료를 물의 비점보다 약간 높은 온도인 105℃로 상압건조시켜 그 감소되는 양을 수분량으로 하는 방법으로, 측정 원리가 간단하여 여러 가지 식품분석에 많이 사용된다,

3. 시약 및 기구

- 분말시료(분유, 밀가루 등)
- 칭량병(3개), 도가니집게, 정온건조기, 데시케이터, 저울, 유발, 유리봉, 해사, 시약스푼

4. 실험방법

1) 칭량접시의 항량 작업(소요시간: 20분 정도)

① 깨끗한 칭량병의 무게를 측정하고 기록한다.

② 칭량병을 105±1℃의 항온건조기에서 1~2시간 건조하고 데시케이터 안에서 30분간 냉각시킨다.

③ 앞서의 ①, ②의 조작을 되풀이하여 칭량병의 무게가 항량이 되도록 한 다음 무게를 기록하여 둔다.

2) 시료의 전처리 및 칭량작업(소요시간: 20분 정도)

시료를 분쇄하여(수분이 잘 날아가도록 표면적을 넓혀줌) 항량이 된 칭량병에 3~5g 정도를 정확히 채취한다(건조가 어려운 시료의 경우 20메쉬 정제 해사 20g과 유리봉을 넣어 항량이 되게 하고, 이에 시료를 넣어 잘 섞은 후 유리봉은 그대로 넣어둔다).

3) 시료의 건조 및 항량작업(소요시간: 40분 정도) .

① 105±1℃,의 항온건조기 내에 시료가 있는 칭량병의 뚜껑을 약간 열어 넣고 3~5시간 건조 후 데시케이터 안에서 30분간 식힌 다음 무게를 측정한다.

② 다시 칭량접시를 1~2시간 건조하여 항량이 될 때까지 같은 조작을 반복한다. 일반적인 것은 1회에 4시간(우유 및 유제품류는 3시간) 건조하여 수분량을 측정한다.

4) 측정한 결과를 가지고 식품 중의 수분의 양(%)을 계산한다. (답안지 작성시험/소요시간: 10분 정도)

5. 결과 및 계산

$$수분(\%) = \frac{W_1 - W_2}{S} \times 100$$

W_0: 항량이 된 칭량병의 무게(g)

W_1: 건조 전 항량된 칭량병과 시료의 무게(g) ($W_1 = S + W_0$)

W_2: 건조 후 칭량병과 시료의 무게(g)

S : 시료 무게

	칭량병 무게(g, W_0)	칭량병 + 시료 무게 (g, W_1)	건조 후 수기 + 시료 무게(W_2)
수기 1			
수기 2			
수기 3			
평 균			

6. 고찰

- 자유수와 결합수

7. 참고자료

【예】 수분 함량 실험 제시된 결과에 따라 계산하세요.

(소수점 셋째 자리에서 반올림하여 둘째 자리까지 계산하세요.)

측정항목	측정값(g)	조회분 함량(%)
항량 된 칭량접시 무게 (W_0)	24.1234	수 량 $= \frac{(24.1234 + 4.2345) - 27.8833}{(24.1234 + 4.2345) - 24.1234} \times 100$ $= (0.474 \quad 4.2345) \times 100 = 11.207$ $\fallingdotseq 11.21$
시료 무게(S)	4.2345	
건조 후 항량 된 시료와 칭량접시 무게(W_1)	27.8833	

CHAPTER 5

회분 및 무기질 분석

1. 조회분 정량

1) 실험원리

식품분석에서 회분 ash이란 식품을 태우고 남은 재이다. 따라서 대체로 무기질이라고 생각될 수 있으나 대부분의 식품에서 무기질인 염소는 일부 또는 대부분이 회화 시에 소실되기 때문에 실제로 식품을 태워 남은 재를 무기질로 인정할 수 없다. 또한 두류, 야채류, 해조류 등의 회분에는 유기질인 탄산이 다량 함유되어 있다. 이처럼 잔회의 성격은 식품의 종류와 회화 조건에 따라 변하기 때문에 무기질의 정량은 어려우며, 식품의 회분은 대략 무기질과 거의 같다고 간주한다. 시료를 사기 도가니에 넣고 550~600℃(도가니의 밑바닥이 짙은 적색으로 가열됐을 때의 온도)에서 회화시킨다. 회화 온도가 지나치게 높을 경우 알칼리 금속의 염화물들은 휘발되며, 또한 회화 온도가 낮을 경우 유기물의 연소로 생기는 CO_2의 일부는 탄산염의 형태로 회분 속에 남게 된다. 그리고 시료의 상태 및 회화 방법에 따라 회분함량이 달라질 수 있다. 시료를 550~600℃에서 회화하였을 때의 회분량은 시료 속의 무기질의 총량을 정확하게 나타내는 것이 아니므로, 이것을 조회분 crude ash이라고 한다.

2) 시약과 기구

- 시료
- 사기 도가니
- 전기로
- 도가니집게
- 저울 balance
- 데시케이터

3) 실험방법

① 빈 도가니의 뚜껑을 비스듬히 열어둔 채 550~600℃의 전기로 속에서 2시간 동안 가열한 후, 데시케이터 속에서 냉각시켜 무게를 측정한다.

② 도가니의 무게에 변동이 없을 때까지 이 과정을 반복한다(**W_0**).

③ 이 도가니에 시료 약 2g(**S**)을 정확하게 넣고 전체 무게를 측정한다(**W_1**). 시료가 담긴 도가니(또는 증발접시)를 예비탄화 후 550~600℃의 전기로 속에서 가열하여 회분이 백색 또는 회색이 되게 한다.

④ 회화가 끝나면 데시케이터 속에 넣어둔 후 실온이 되면 그 무게를 측정한다.

⑤ 동일한 방법으로 회화, 방랭, 칭량을 반복하여 항량을 구한다(**W_2**).

4) 결과 및 계산

$$\text{회분(\%)} = \frac{W_2 - W_0}{S} \times 100$$

$$= \frac{W_s}{S} \times 100$$

W_0 : 용기의 항량(g)

W_2 : 회화 후의 용기와 회분의 무게(g)

S : 시료 채취량(g) ($W_1 - W_0$)

Tip

W_1은 그냥 중간값이므로 의미 없음. 그러나 시료량을 알기 위해 기록해야 함

그림 5-1 | 직접화법에 의한 회분정량

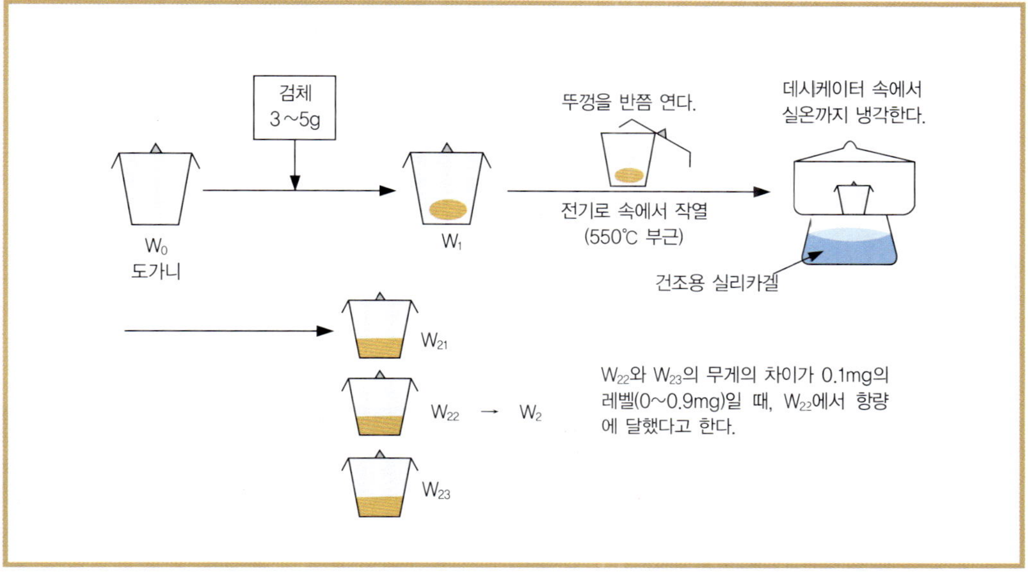

5) 고찰

- 조회분

6) 참고자료

| 식품(산업)기사 실기 작업형 5 | 조회분 정량

실험 11

1. 도가니 항량작업(소요시간 20분)

1) 회화로의 온도를 맞추고 깨끗한 회화용기를 회화로에 넣는다.
   - 가열 소요시간 단축 시행하고 가열되었다고 가정
2) 회화용기를 밧트로 옮기고 실온으로 방랭 처리 후 전자저울로 칭량한다.
   - 일련의 방랭 및 항량작업을 1회만 수행하고 반복작업 생략
   - 방랭 및 항량 소요시간 단축 시행하고 방랭 및 항량이 되었다고 가정

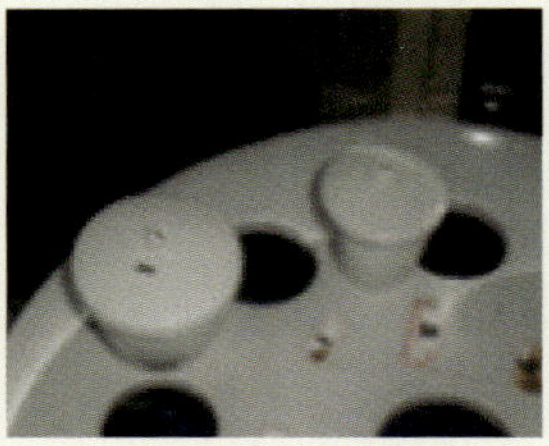

2. 시료의 칭량 및 예비회화(탄화)작업(소요시간 : 30분)

1) 마쇄된 시료(라면) 2g을 회화용기에 정밀히 달아 넣는다.
2) 300℃ 이하의 버너(또는 전기곤로)에서 예비 회화시킨다.
   - 탄화 소요시간 단축 시행하고 탄화되었다고 가정

3. 회화 및 칭량작업(소요시간 : 30분)

1) 회화용기를 회화로로 옮겨 온도를 550℃로 맞추고 회분이 얻어질 때까지 가열한다.

• 가열 소요시간 단축 시행하고 회화되었다고 가정

2) 가열을 중지하고 도가니의 방랭 후 전자저울로 칭량하고 항량이 될 때까지 작업한다.

• 일련의 항량작업까지만 1회만 실시하고 반복작업 생략

• 방랭 및 항량 소요시간 단축 시행하고 방랭 및 항량이 되었다고 가정

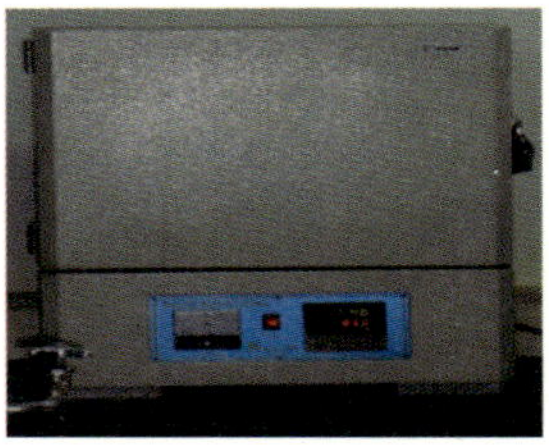

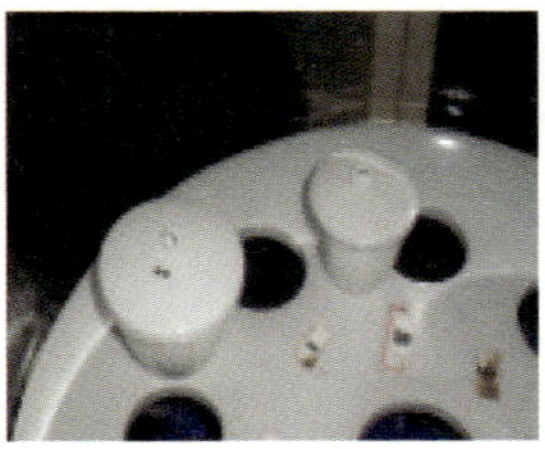

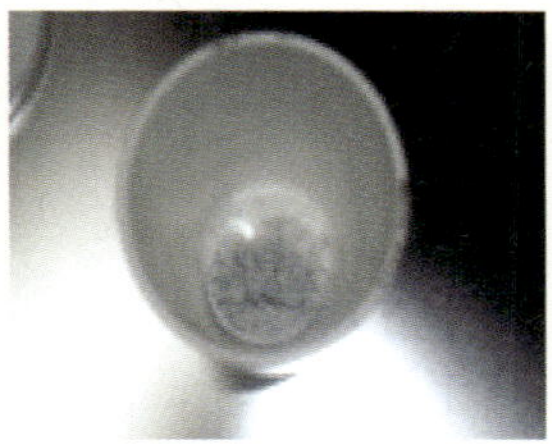

4. 제시된 실험결과(실기필답시험답안지)에 따라 회분량(%) 계산(소요시간 : 10분)

모범 작업과정 :

1. 도가니 항량

1) 깨끗한 회화용기를 회화로에서 600℃ 정도로 수시간 강하게 가열한다.

2) 회화용기를 밧트로 옮기고 실온으로 방랭 후 데시케이터에 옮겨서 실온으로 식히고 칭량한다.

3) 다시 회화 용기를 2시간 회화로에서 가열한다.

4) 데시케이터에서 방랭한 후 다시 칭량하고 항량이 될 때까지 반복한다.

2. 시료의 전처리(탄화)

1) 시료를 막자사발에서 잘게 부순다.
2) 마쇄된 시료를 회화용기에 달아 넣고 300℃ 이하의 전기곤로(버너)에서 탄화시킨다.

3. 회화 및 칭량

1) 회화 용기를 회화로로 옮겨서 백색-회백색의 회분이 얻어질 때까지 550~600℃에서 가열한다.
2) 가열을 중지하고 도가니를 밧트로 옮긴 후 방랭 후 데시케이터로 옮기고 방랭하여 실온으로 식힌다.
3) 전자저울로 칭량하고 항량이 될 때까지 반복한다.

【계산 작업】

회분(%) = $(W_1 - W_o) / S \times 100$

W_1 : 회화후 회화용기와 회분의 무게(g)
W_o : 항량이 된 회화용기의 무게(g)
S : 시료의 채취량(g)

【예】 조회분 함량 실험

제시된 결과에 따라 계산하세요.

(소수점 셋째 자리에서 반올림하여 둘째 자리까지 계산하세요.)

측정항목	측정값(g)	조회분 함량(%)
항량 된 회화 용기 무게(W_0)	20.1234	조회분 = $\frac{W_1 - W_0}{S} \times 100$
시료 무게(S)	1.2345	조회분 = $\frac{20.2233 - 20.1234}{1.2345} \times 100$ = 8.092 ≒ 8.09%
회화 후 항량 된 시료와 용기 무게(W_1)	20.2233	

2. 염소(Cl) 정량

1) 모어(Mohr)법

(1) 실험원리

식염 NaCl을 첨가하지 않은 천연식품에서는 항상 Na보다 Cl이 많다. 식염 정량은 염소 Cl를 정량하여 식염량을 추정하는 방법을 이용한다. Mohr법은 K_2CrO_4를 지시약으로 한 침전적정 precipitation titration으로 염소를 함유한 용액에 K_2CrO_4 용액을 가하고 뷰렛으로부터 $AgNO_3$ 용액을 떨어뜨리면 염소는 전부 AgCl의 백색 침전으로 된다.

$$NaCl + AgNO_3 \rightarrow AgCl\downarrow + NaNO_3$$

또한 $AgNO_3$는 K_2CrO_4와 반응하여 크롬산은(Ag_2CrO_4)의 적갈색 침전이 생기므로 적정의 종말점을 알 수 있다(크롬산은은 염화은보다 용해도가 크다).

$$2AgNO_3 + K_2CrO_4 \rightarrow Ag_2CrO_4 + 2KNO_3$$

Mohr법은 간단하여 식품에 널리 적용되나 용액의 pH가 6.5~10.5 범위가 아니면 오차가 크게 생기는 단점이 있다.

(2) 시약과 기구

① 시료

- 0.1N $AgNO_3$ 용액
- 10% K_2CrO_4 용액
- $CaCO_3$ 분말

【0.1 N $AgNO_3$의 조제 및 표정】

원리: 0.1 N $AgNO_3$ 용액 1,000mL 중에는 $AgNO_3$(분자량 169.89) 16.989g을 함유한다.

조제: $AgNO_3$ 17.0g을 증류수에 용해시켜 1,000mL를 조제한 후 표정한다.

$AgNO_3$ 용액은 빛에 약하므로 갈색병에 넣어 보관한다.

표정: NaCl 분말을 사용하여 표정하는 법

① 순수한 NaCl 분말 a g(약 0.15g)을 정확히 칭량하여 물 약 75mL에 용해시키고 10% K_2CrO_4 1mL을 지시약으로 넣고, 0.1N $AgNO_3$ 용액으로 적갈색이 될 때까지 적정한다 (V mL).

② 삼각플라스크에 75mL의 증류수에 10% K_2CrO_4 1mL와 $CaCO_3$ 분말 소량을 넣고 0.1N $AgNO_3$ 용액으로 ①의 종말점과 같은 색이 될 때까지 적정(V_0 mL)하는 공시험을 한다.

$$F = \frac{1000 \times a}{5.845(V - V_0)}$$

* 10% K_2CrO_4 용액 제조방법: K_2CrO_4 10g을 증류수에 용해시켜 100mL로 정용한다.

② 기구

뷰렛과 뷰렛스탠드

메스플라스크(100mL, 500mL)

깔때기

여과지

삼각플라스크

세척병, 스포이트

(3) 실험방법

① 시료(NaCl 함량이 5% 정도인 식품은 10g, 10% 식품은 5g)를 취하여 증류수 20mL를 가한 다음 균질기 homogenizer로 마쇄한 후, 최종 부피가 100mL가 되게 한다.

② 이 시료용액 10mL를 삼각플라스크에 취하고 10% K_2CrO_4 지시약 1mL를 가하고 0.1N $AgNO_3$ 용액으로 적정한다.

③ 처음에는 염화은의 백색 침전이 생기고 나중에 크롬산은의 적갈색이 된다.

④ 플라스크를 흔들어주며 질산은을 떨어뜨려 적갈색이 생길 때까지 계속한다.

(4) 결과 및 계산

① 시료 중의 염소(Cl) 함량(Cl mg%) :

$$Cl(mg\%) = 3.546 \times V \times F \times D \times \frac{100}{S}$$

② 시료 중의 식염(NaCl) 함량(%) :

$$NaCl(\%) = 0.00585 \times V \times F \times D \times \frac{100}{S}$$

V : 0.1N $AgNO_3$ 용액의 적정 소비량(mL)
F : 0.1N $AgNO_3$ 용액의 역가
D : 희석배수
S : 시료 채취량(g)
3.546 : 0.1N $AgNO_3$ 용액 1mL에 상당하는 Cl 양(mg)
0.00585 : 0.1N $AgNO_3$ 용액 1mL에 상당하는 NaCl 양(g)

그림 5-2 | Mohr법에 의한 염소의 정량

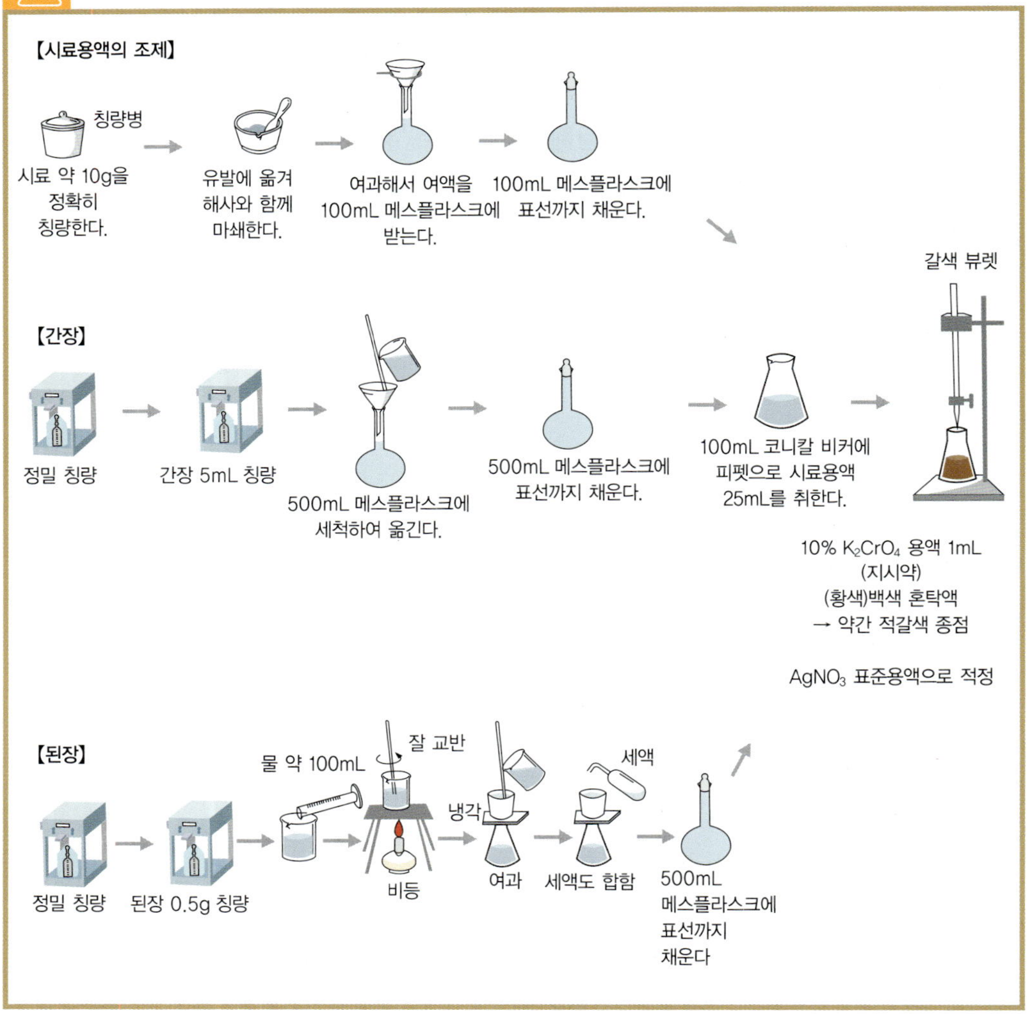

식품(산업)기사 실기 작업형 6 | 식염 정량

실험 12

1. 시료의 칭량 및 건조, 탄화, 회화작업(소요시간 30분)

1) 시료 5g 정도를 정밀히 취하여 도가니에 넣고 수욕상에서 증발 건조한 후 탄화 및 회화한다.
   - 일련의 증발, 건조, 탄화 및 회화작업 수행
   - 실제 각 소요시간 단축 시행하고 증발, 건조, 탄화 및 회화되었다고 가정

2) 밧트에서 예비방랭 후 방랭한다.

2. 여과 및 적정작업(소요시간 : 30분)

1) 증류수로 녹여 500mL로 맞춘다.

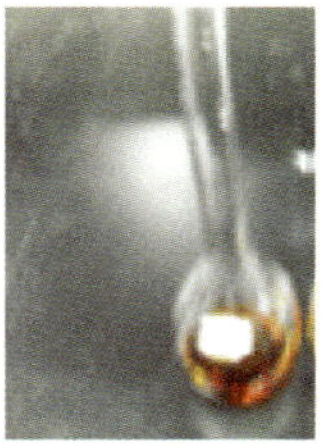

2) 여과한 후 시료액 10mL를 삼각플라스크에 취하고 크롬산칼륨 시약 2~3방울을 가하고 0.1N 질산은 용액으로 적정한다.
   - 일련의 적정작업까지만 실시하고 종말점의 색변화 되었다고 가정

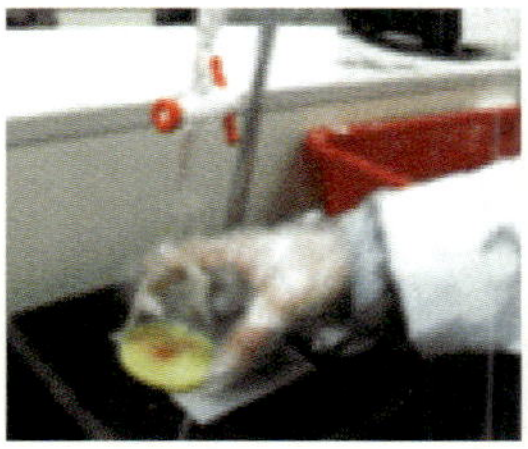

3) 제시된 실험결과에 따라 식염량(%) 계산(소요시간 : 10분)

모범 작업과정 :

1) 시료(간장) 5g 정도를 정밀히 취하여 도가니에 넣고 수욕상에서 증발 건조한 후 탄화시키고 회화한다.
2) 밧트에서 예비방랭 후 데시케이터에서 방랭한다.
3) 증류수로 녹여 500mL로 맞춘다.
4) 여과한 후 여과액 10mL를 삼각플라스크에 취하고 크롬산칼륨 시액 2~3방울을 가하고 0.1N 질산은 용액으로 황색에서 적색으로 변할 때까지 적정한다.

【계산 작업】

$$식염(\%) = 0.00585 \times V \times F \times D \times \frac{100}{시료량}$$

= 0.00585 : 0.1N $AgNO_3$ 용액 1mL에 상당하는 NaCl의 양(g)

V : 0.1N $AgNO_3$ 용액의 소비량(mL)
F : 0.1N 질산은 용액 역가
D : 희석배수

【예】 식염 정량

제시된 결과에 따라 계산하세요.

(소수점 셋째 자리에서 반올림하여 둘째 자리까지 계산하세요.)

측정항목	측정값(g)	
시료의 무게(a)	6.2342	식염 함량(%) = (16.7/6.2342) × 1.0562 × 5.85 = 16.5515 ≒ 16.55
0.1N 질산은 용액의 소비량 (mL)	16.7	
0.1N 질산은 용액의 역가	1.0562	

2) 폴하르트(Volhard)법

(1) 실험원리

Volhard법은 질산산성의 Cl^- 이온을 함유한 용액에 과량의 $AgNO_3$를 가하여 반응 후 남은 Ag^+ 이온에 Fe^{3+} 이온을 지시약으로 가하여 KSCN 용액으로 적정하여 Cl^- 이온의 함량을 구하는 방법이다. $AgNO_3$와 제2철염 질산산성 용액에 KSCN 용액을 떨어뜨리면 AgSCN의 백색 침전이 생성된다.

$$Cl^- + AgNO_3 \rightarrow AgCl\downarrow + NO_3^- + AgNO_3$$
$$AgNO_3 + KSCN \rightarrow AgSCN + KNO_3$$

이 용액에 과잉의 KSCN이 존재하면 KSCN은 제2철(Fe^{3+}) 이온과 반응하여 적등색의 $Fe(SCN)_6^{3-}$를 생성하므로 적정의 종말점을 알 수 있다.

$$Fe_2(SO_4)_3 + 6KSCN \rightarrow Fe[Fe(SCN)_6] + 3K_2SO_4$$

식품의 경우, 유기물을 분해한 시료를 질산에 녹여 이 적정법을 응용한다.

(2) 시약과 기구

- 시료
- 10% Na_2CO_3
- 진한 질산
- 철명반 지시약 : 철명반 $NH_4Fe(SO_4)_2 \cdot 12H_2O$ 10g에 증류수 85mL와 진한 질산 2mL을 가한 용액
- 0.1N $AgNO_3$
- 0.1N KSCN
- 증발접시, 삼각플라스크, 뷰렛, 뷰렛스탠드, 세척병, 메스플라스크, 메스실린더, 피펫, 항온수조 water bath, 회화조

(3) 실험방법

① 시료를 2%로 희석한 다음 여기서 10mL를 삼각플라스크에 취하고 진한 질산 0.5mL를 가하여 플라스크를 격렬하게 흔들어주면서 뷰렛으로부터 0.1N $AgNO_3$ 용액을 떨어뜨린다.

② $AgNO_3$의 백색 침전이 응결하여 투명한 상층액이 생긴 후 소량을 다시 떨어뜨린다.

③ 이 백탁한 용액에 니트로벤젠 nitrobenzene 5mL를 가하면 백탁이 니트로벤젠에 흡착되어 용액은 투명해진다.

④ 여기에 철명반 지시약 1mL를 가하여 0.1N KSCN 용액으로 적정한다.

⑤ 적정의 종말점은 1분 동안 흔들어도 적등색(적갈색)이 소실하지 않는 점으로 한다.

(4) 결과 및 계산

① 시료 중의 염소(Cl) 함량(Clmg%) :

$$Cl(mg\%) = 3.546 \times (F_1V_1 - F_2V_2) \times D \times \frac{100}{S}$$

② 시료 중의 식염(NaCl) 함량(%) :

$$NaCl(\%) = 0.00585 \times (F_1V_1 - F_2V_2) \times D \times \frac{100}{S}$$

V_1 : 0.1N $AgNO_3$ 용액의 첨가부피(mL, 보통 20mL)
F_1 : 0.1N $AgNO_3$ 용액의 역가
V_2 : 0.1N KSCN 용액의 적정 소비량(mL)
F_2 : 0.1N KSCN 용액의 역가
D : 희석배수
S : 시료 채취량(g)
3.546 : 0.1N $AgNO_3$ 용액 1mL에 상당하는 Cl 양(mg)
0.00585 : 0.1N $AgNO_3$ 용액 1mL에 상당하는 NaCl 양(g)

그림 5-3 | Volhard법에 의한 염소 정량

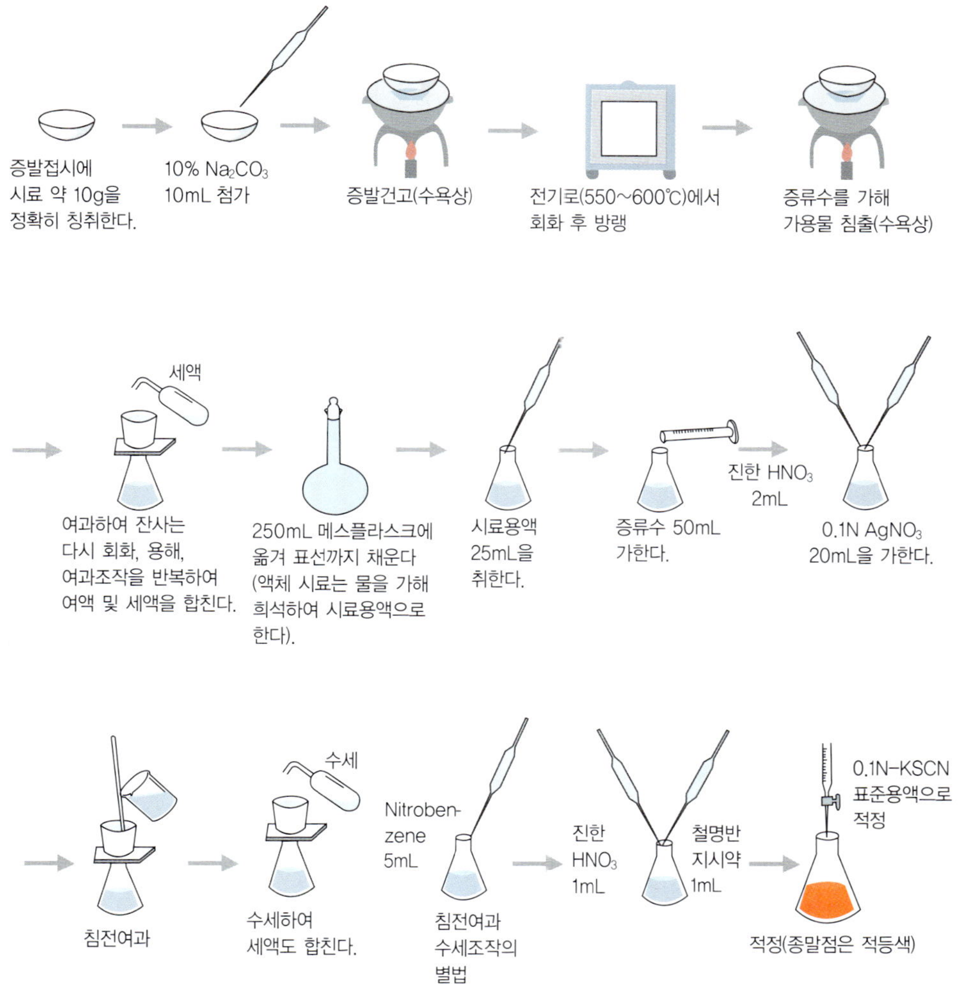

3. 식품의 산도 및 알칼리도 측정

1) 실험원리

100g의 식품을 회화시켜서 얻은 회분을 중화하는 데 필요한 1N의 알칼리 또는 산의 mL수를 그 식품의 산도 acidity 또는 알칼리도 alkalinity라고 한다. 식품의 산도 또는 알칼리도는 식품의 성분 중에서 산을 형성할 수 있는 P, S, Cl 등의 원소와 알칼리를 형성할 수 있는 K, Na, Ca, Mg 등의 금속원소의 상대적 양을 나타내는 하나의 척도이며, 식품의 산 · 알칼리 균형 acid-base balance을 측정하는 기준이 된다. 또한 알칼리도를 측정함으로써 식품에 첨가물로 사용된 무기염의 존재를 확인할 수 있다. 식품으로부터 얻은 회분을 일정 농도의 산용액에 용해시켜서 알칼리 표준용액으로 중화시키고, 이때 사용한 알칼리 양으로부터 산도, 알칼리도를 계산한다.

2) 시약과 기구

- 시료
- 1N Na_2CO_3 용액
- 1N HCl 용액
- 0.1N NaOH 용액
- 0.1% 페놀프탈레인 · 에탄올 용액
- 30% H_2O_2 용액
- 전기로, 도가니, 도가니집게, 증류수병, 삼각플라스크, 피펫, 뷰렛, 뷰렛스탠드
- 환류 냉각기
- 항온수조 water bath

3) 실험방법

0.1g의 회분을 함유한 시료(5~10g)를 도가니에 넣고, 미리 회화 중의 무기질의 휘발을 막기 위해서 1g당 1N Na_2CO_3 용액 0.5mL를 가하여 증발 건고시킨다. 회분정량 때와 같은 방법으로 회화 후 방랭하여 소량의 증류수와 30% H_2O_2 용액을 가하여 증발 건고시킨 다음 도가니의 바닥이 미적석을 나타낼 때까지 작열한다. 방랭 후 소량의 증류수를 가하여 녹인 다음, 식품 1g당 1N HCl 용액 1mL의 비율로 가하여 녹인다. 삼각플라스크에 용액 및 잔사를 옮기고 환류 냉각기를 부착한 수욕상에서 15분간 끓인다. 냉각 후 페놀프탈레인 지시약을 가하여 0.1N NaOH 용액으로 미홍색이 될 때까지 적정한다.

4) 결과 및 계산

$$\text{식품의 산도, 알칼리도} = \frac{(A \times F) - (B \times F_1 + 0.1 \times V \times F_2)}{S} \times 100$$

A : 1N HCl 용액의 사용량(mL)
B : 1N Na_2CO_3 용액의 사용량(mL)
V : 0.1N NaOH 용액의 적정소비량(mL)
F : 1N HCl 용액의 역가
F_1 : 1N Na_2CO_3 용액의 역가
F_2 : 0.1N NaOH 용액의 역가
S : 시료 채취량(g)

계산 결과가 +인 경우는 알칼리성 식품으로서 알칼리도로, −인 경우에는 산성 식품으로서 산도로 각각 절대값으로 표시한다.

5) 고찰

- 산성 식품
- 알칼리성 식품

6) 참고자료

그림 5-4 | 식품의 산도 · 알칼리도의 측정

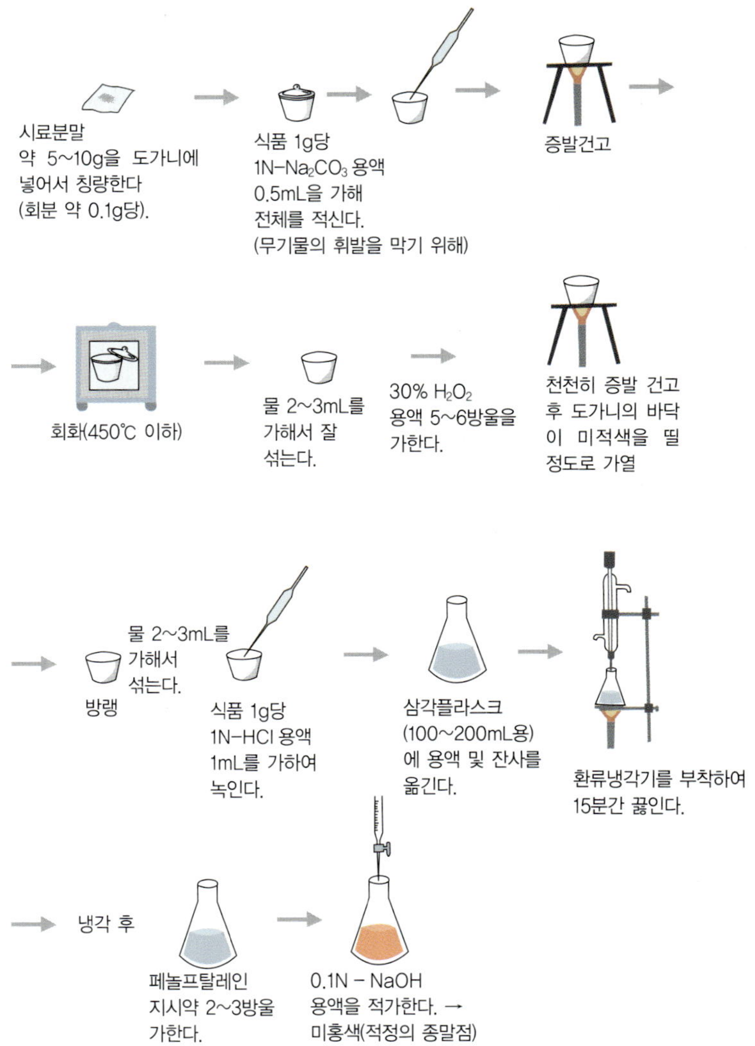

CHAPTER 6

단백질 분석

1. 단백질 정량
2. 단백질의 정성반응

1. 단백질 정량

식품은 대부분 탄소, 산소, 수소로 이루어져 있으며, 단백질 식품의 경우 이들 세 원소 외에 질소를 함유한다는 것이 특징이다. 단백질 식품 중의 질소 함유량은 식품에 따라 약간씩 다르나 대략 16% 정도로 거의 일정하다. 이러한 이유로 식품 중의 단백질을 정량할 때는 질소의 양을 정량하고, 그 값에 식품 중 질소비율인 16%를 환산한 '100/16(=6.25)'을 곱하여 단백질량을 알아낸다. 이 값을 질소계수 nitrogen efficient라고 한다. 이 질소계수는 식품마다 약간씩 다르다 표 6-1.

표 6-1 조단백질 산출용 질소계수

식품의 종류	질소계수
밀가루(중등품, 연질 또는 경질, 100~94% 추출물)	5.83
밀가루(중등품, 연질 또는 경질, 93~80% 추출물 또는 80% 이하의 추출물)	5.70
쌀	5.95
보리, 귀리, 라이보리	5.83
국수, 마카로니, 스파게티	5.70
메밀	6.31
땅콩	5.46
콩 및 콩제품	5.71
밤, 호두, 참깨 및 기타의 견과류	5.30
편도	5.18
브라질 호두	5.46
호박씨, 수박씨, 해바라기씨	5.40
우유, 유제품, 마가린	6.38

* 표에 없는 물질은 일반적인 단백계수인 6.25를 곱하여 계산한다.

* 식품공전 참조

그러나 이 질소의 양은 순수 단백질의 질소뿐만 아니라 핵산, 퓨린 purine 및 피리미딘 pyrimidine 염기의 유도체, 아마이드 amide 화합물, 요소 urea, 크레아틴 creatine 등 질소화합물이 구성성분도 되기 때문에, 이 정량된 질소값에 각각의 질소계수를 곱하여 얻은 단백질량을 조단백질 crude protein이라고 한다.

1) 매크로 켈달 Macro-kjeldahl법에 의한 조단백질 정량(붕산포집법)

켈달법은 1883년 덴마크의 켈달에 의하여 처음 개발되었으며, 식품공전 및 일반적 식품의 단백질 분석에 가장 보편적으로 쓰이고 있는 방법이다

(1) 실험원리

시료를 황산과 촉매로 가열하면 단백질은 질소가 아닌 황산암모늄 $(NH_4)_2SO_4$으로 전환되고, 이를 다시 수산화나트륨 NaOH과 반응시키면 암모니아 가스 NH_3로 전환, 이 형성된 암모니아를 과량의 붕산 내에 포집시키고 포집된 붕산암모늄 $(NH_4)\cdot H_2BO_3$을 염산 표준용액으로 적정한다. 이 적정 값에 질소계수를 곱하여 단백질량을 산출하면 된다.

① 기본 지식

- 식품 중의 단백질 정량
  질소의 양을 정량 후, 그 값에 질소계수를 곱해 단백질 함량을 산출한다.
- 조단백질
  - kjeldahl법을 이용하여 질소를 정량한 후 단백질량으로 환산하면 식품 중의 단백질량을 알 수 있다
  - 단백질의 질소뿐만 아니라 핵산, 퓨린 및 피리미딘 염기의 유도체, 아마이드 화합물, 요소 urea, 크레아틴 등도 포함된다.
- 식품의 질소계수
  - 질소비율은 대체로 일정하며, 일반적으로 '100/16 = 6.25' 를 사용한다.
  - 단백질의 질소함량에 따라 즉, 단백질의 종류에 따라 질소계수는 다르다.

② 전체적 분해과정도

■ 분해반응

시료중질소(N) + H_2SO_4 + 촉매제 $\rightarrow \underbrace{(NH_4)_2SO_4 + SO_2\uparrow + CO_2\uparrow + CO\uparrow + H_2O}_{\text{(탄소화합물)}}$

■ 증류반응

$(NH_4)_2SO_4 + 2NaOH \rightarrow Na_2SO_4 + 2\,NH_4OH$ (알칼리성)

$NH_4OH \rightarrow 2NH_3 + 2H_2O$

■ 중화반응

$NH_3 + H_3BO_3 \rightarrow (NH_4) \cdot H_2BO_3$

■ 적정반응

$(NH_4) \cdot H_2BO_3 + HCl \rightarrow NH_4Cl + H_3BO_3$

Tip

1몰 HCl = 1몰 N = 14g N
1mL 0.1N HCl = 0.0014g N

그림 6-1 | Kjeldahl의 원리

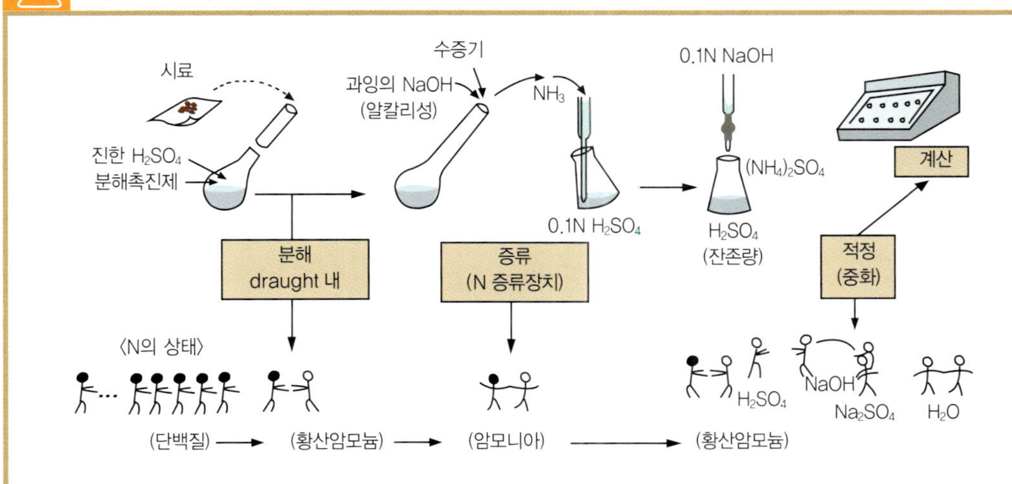

그림 6-2 | Kjeldahl 분해용 가열대

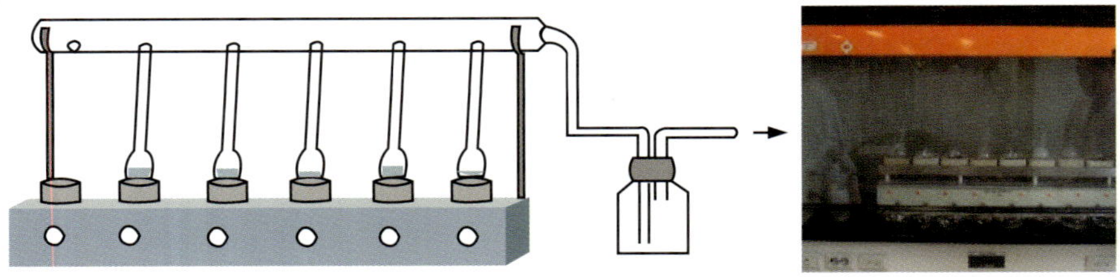

(2) 재료, 시약 및 기구

- 시료 : 조별 시료 1g
- 기구 : 시약스푼, 저울, 단백질 분해장치, 후드, 켈달분해 플라스크, 켈달증류장치, 오토뷰렛, 메스실린더, 피펫, 세척병, 유리막대, 유산지, 삼각플라스크, 뷰렛, 뷰렛스탠드
- 시약 : 진한 황산(비중 1.84, H_2SO_4) : 상업용 시판시약 20mL
  과알칼리 용액(40% NaOH) : NaOH 40g / 증류수 100mL

※ **분해 촉매제**
① 태블릿 tablet 형태의 시제품: Foss사의 1000 kjeltabs S/3.5(3.5g K_2SO_4 + 3.5mg Se)
② K_2SO_4 : $CuSO_4$ = 9 : 1 의 혼합분말 : 막자사발로 분쇄하여 조제

- 4% 붕산 용액
- 혼합 지시약
  ① 0.1% methyl red : 0.1% methylene blue = 1 : 1
  (pH 4.5 : 무색, pH 5 : 적자색, pH 5.6 녹색)
  ② Bromocresol green 0.5g + methyl red 0.1g / 95% ethanol 30mL
  원액 1mL / boric acid 250mL
- 0.1 N HCl(Hydrochloric acid) : 적정용 시약. 상업용 시제품.

그림 6-3 | Macro식 Kjeldahl 증류장치(왼쪽)와 Micro식 Kjeldahl 증류장치(Parnas-Wagner)

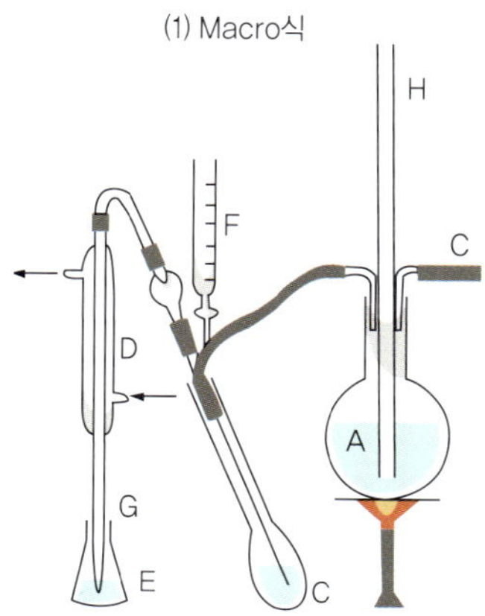

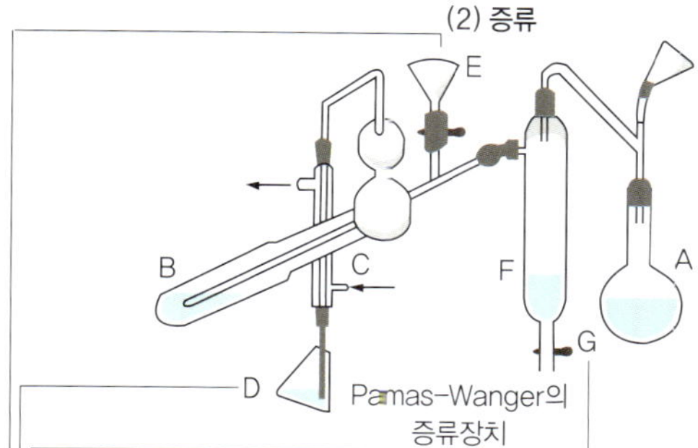

A : 증기발생용 플라스크 : 사용 전에 약 반량의 물과 수방울의 H_2SO_4를 넣는다.
B : 분해 플라스크 : 보온시키기 위해 이중벽으로 되어 있다.
C : 냉각관
F : 폐액병

㉠ cook G를 열어 증기를 밑으로 보낸다.
㉡ D에는 N/10 H_2SO_4 10mL를 지시약으로 메틸레드와 함께 넣어둔다. 냉각관의 끝은 반드시 액에 닿도록 하고, 액이 적을 때는 증류수를 넣어도 좋다.
㉢ E로부터 분해액을 넣고 소량의 물로 씻은 다음 30% NaOH를 6~7mL 넣고 cook G를 닫으면 증기가 B에 들어가게 되며, 증류를 시작한다(5분간).
㉣ 증류가 끝나면 D의 삼각플라스크를 밑으로 내려 냉각관의 끝이 조금 떨어지도록 한 뒤 30초간 증류를 계속한다.

(3) 실험방법

① 분해 과정

㉠ 유산지를 깔고 시료 1g을 측정한다.

㉡ 시료를 유산지에 싼 후 분해촉매제 2알과 함께 켈달(분해) 플라스크에 투입한다(플라스크 벽면에 시료가 묻는 것을 방지하기 위해).

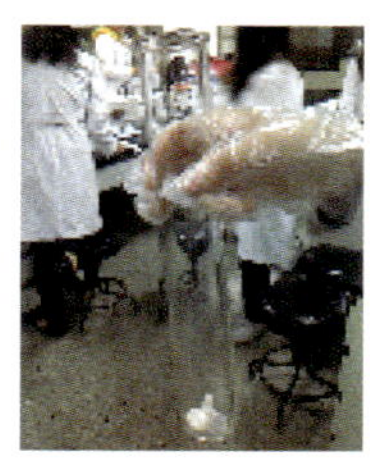

㉢ 장갑을 끼고 후드 안에서 고무필러나 P-pump를 이용하여 95% 진한 황산 20mL을 켈달분해 플라스크에 취하여 살짝 흔들어준다.

㉣ 켈달분해장치에 온도 420°C로 설정하고 플라스크 거치대에 장착한 플라스크를 분해장치에 올린다.

㉤ 분해가스 흡입장치를 플라스크 위에 맞추어 끼우고 후드의 물을 틀어 수압에 의한 흡입이 되는가를 확인 후 분해를 시작한다(분해가 시작되면 액이 검게 되고 거품이 부글부글 끓어오르는 경우가 있는데 이때는 가열을 약하게 하며, 검은색의 점도가 큰 액체가 되면 세게 가열한다).

㉥ 시간은 30~50분 동안 분해한다(분해되는 용액이 흑갈색에서 녹갈색을 거쳐 최종적으로 하늘색 또는 황록색의 투명액이 되는 때를 분해 종료점으로 한다).

㉦ 분해가 끝나면 실온에서 식힌다.

② 증류 · 중화 과정

㉠ 분해가 끝나면 냉각한 후, 켈달 증류장치에서 증류한다.

 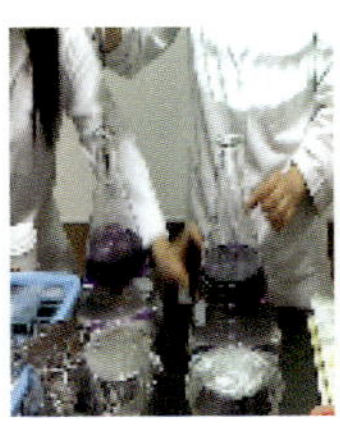 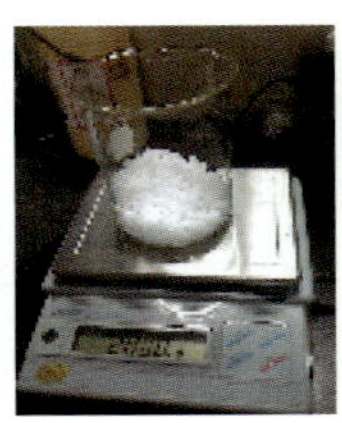  

ⓒ 기계에서 켈달 플라스크와 삼각플라스크에 연결되는 부분을 증류수로 세척한다.

ⓓ Power on > Program1 > enter〉 ready :
증류기계를 NaOH용액 50mL, 증류수 70mL, receiver 50mL(4% boric acid), 준비시간 5초, 총 증류시간 4분으로 닻춰 놓는다.

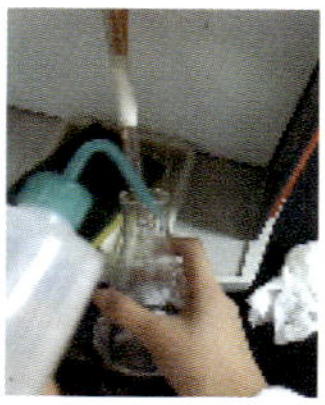

ⓔ 방랭한 켈달 분해플라스크를 기계 왼쪽에 장착 후 ②도 오른쪽에 꽂는다.

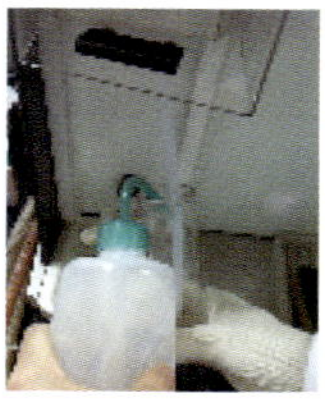

ⓕ 안전문을 닫으면 증류기능이 작동한다(색의 변화를 확인할 수 있음).

ⓖ 기계를 작동시켜 질소를 분리시킨다.

※ 증류장치 설정조건
Program1 : Receiver (Boric acid 50mL), Water 70mL, alkal 50mL, heating time 4분

③ 적정 과정

㉠ 증류가 끝난 후 0.1N-HCl로 적정한다.

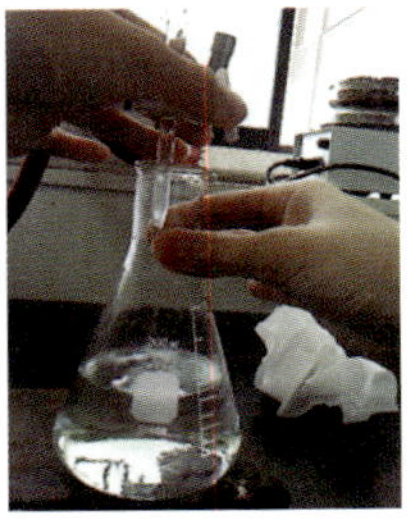

㉡ 지시약의 색이 녹색에서 실험 전 원래의 색 즉, 보라색으로 되는 시점을 종말점 end point으로 한다.

※ Blank test(공실험)를 병행 실시

(4) 결과

0.0014	0.1N HCl용액 1mL에 상당하는 질소량 (14×0.1×0.001)
F	0.1N HCl의 factor값(농도계수, 역가)
V	본실험에서의 0.1N HCl의 소비량
V_0	공실험에서의 0.1N HCl의 소비량
D	시료의 희석배수
S	시료의 채취량(g)
N	질소계수 = 6.25

【계산식】

$$총\ 질소(TN,\ \%) = \frac{0.0014 \times F \times (V - V_0) \times D}{S(g)} \times 100$$

$$조단백질(\%) = 총\ 질소(T_N) \times N(6.25)$$

(5) 고찰

• 질소계수

(6) 참고자료

| 식품(산업)기사 실기 작업형 7 | 조단백질량 정량

실험 13

1. 켈달분해장치의 세팅(소요시간 : 10분 정도)

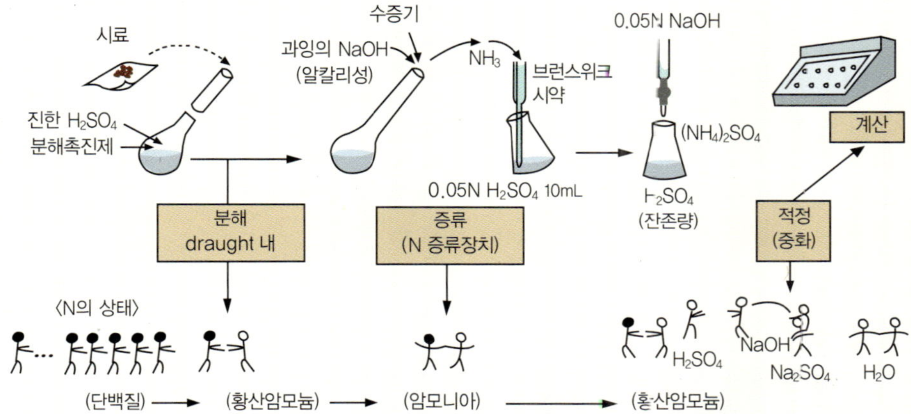

2. 시료의 분해작업(소요시간: 20분 정도)

1) 2~3mg 정도의 질소량에 해당되는 시료를 취하여 켈달플라스크에 넣은 후 분해 촉진제 약 1~2g을 넣고 플라스크 내벽을 따라 황산 2~3mL를 놓은 후 천천히 가열하여 시료를 분해한다.
2) 분해액(증류수로 대체 가능)을 냉각 후(냉각작업 생략 가능) 물 20mL를 가하고 플라스크를 증류장치에 연결한다.

3. 증류 및 적정작업(소요시간 : 50분 정도)

1) 증류장치의 수기(흡수 플라스크)에 0.05N 황산 10mL를 취하고 이에 브런스위크 시액을 2~3방울 가한다(0.05N 황산 1mL=0.7003mgN임).
2) 작은 깔때기를 이용하여 30% 수산화나트륨 용액 25mL를 첨가한다.
3) 수증기 발생기에서 수증기를 증류하여 증류액 약 10mL 정도를 받는다.
4) 수기에 남은 액을 0.05N 수산화나트륨액으로 브런스위크 시액(메틸레드

0.2g과 메틸렌블루 0.1g을 에탄올 300mL에 녹이고 여과한 지시약으로 갈색병에 보관하여 사용함)을 이용하여 적정한다,

* 일련의 적정 작업만 실시하고 적정되었다고 가정

5) 별도로 같은 방법으로 공시험을 한다(실제 공시험 작업은 생략할 수 있다).

4. 제시된 실험결과(실기필답 시험답안지)에 따라 조단백질 함량 (%) 계산(소요시간 : 10분)

모범 작업과정 :

1. 시료의 분해

1) 시료 0.2~0.3g(약 2~3mg의 질소량에 해당)을 취하여 켈달플라스크에 넣는다.
2) 분해 촉진제를 약 1~2g 넣는다.
3) 황산 2~3mL를 켈달플라스크 내벽을 따라 넣은 후 천천히 가열하여 시료를 분해한다.

4) 분해액을 냉각한 후 증류수 20mL를 가하고 켈달플라스크를 증류장치에 연결한다.

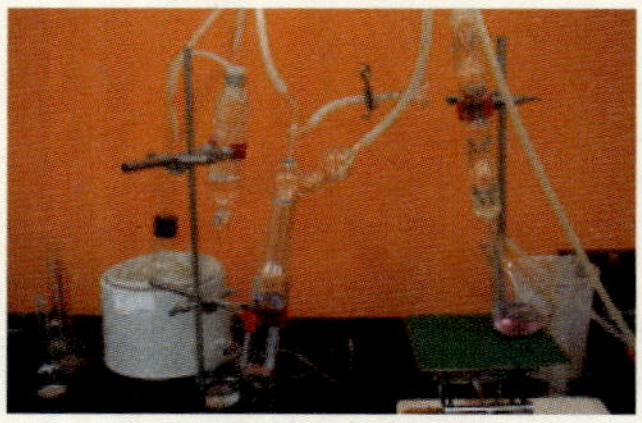

2. 증류 및 적정

1) 증류장치의 수기에 0.05N 황산 10mL를 넣고 브런스위크 시액 2~3방울을 가한다.

2) 작은 깔때기를 이용하여 30% 수산화나트륨 용액 25mL를 첨가한다.
마쇄된 시료를 회화용기에 달아 넣고 300℃ 이하의 전기곤로(버너)에서 탄화시킨다.
3) 수증기 발생기에서 수증기를 증류하여 증류액 약 10mL 정도를 받는다.
4) 수기에 남은 액을 0.05N 수산화나트륨액으로 브런스위크 시액을 사용하여 적정한다,
* 일련의 적정 작업만 실시하고 적정되었다고 가정

5) 별도로 같은 방법으로 공시험을 한다

【계산 작업】

조단백질(%) = 0.7003* (A − B) * F * 질소 계수×100/ S

A : 공시험에 사용된 0.05 N NaOH의 양(mL)
B : 본시험에 사용된 0.05 N NaOH의 양(mL)
F : 0.05N NaOH의 역가
S : 시료의 무게(mg)

【예】 조단백질 함량 실험 제시된 결과에 따라 계산하세요.

(소수점 셋째 자리에서 반올림하여 둘째 자리까지 계산하세요.)

측정항목	측정값(g)
시료의 무게(S)	0.2550(g)
질소계수	5.83
공시험에 사용된 0.05N NaOH의 양(mL)	17.50(mL)
본시험에 사용된 0.05N NaOH의 양(mL)	15.00(mL)
0.05N NaOH의 역가	1.0020

조단백질 (%)

$= 0.7003 \times (17.50 - 15.00) \times 1.0020 \times 100/255 \times 5.83$

$= 4.0107$

$\fallingdotseq 4.01$

2) 포몰 Formol법에 의한 아미노산 정량

실험 14

(1) 실험원리

아미노산은 산성과 염기성 모두 가진 양쪽성 물질로 아미노산 수용액에 포르말린 formalin, formaldehyde ; HCHO을 가하면 아미노산의 아미노기와 포름알데하이드 formaldehyde가 반응하여 methylene imine 화합물을 형성하여 아미노기의 염기성이 소실된다. 그러면 아미노산은 보통의 산처럼 페놀프탈레인 phenolphthalein (무 → 적 : pH 8.2~10)의 지시약과 함께 알칼리로 적정하면 아미노산의 정량이 가능하며, 이렇게 정량이 가능한 아미노산의 질소를 Formol 질소 formonitrogen라고 한다.

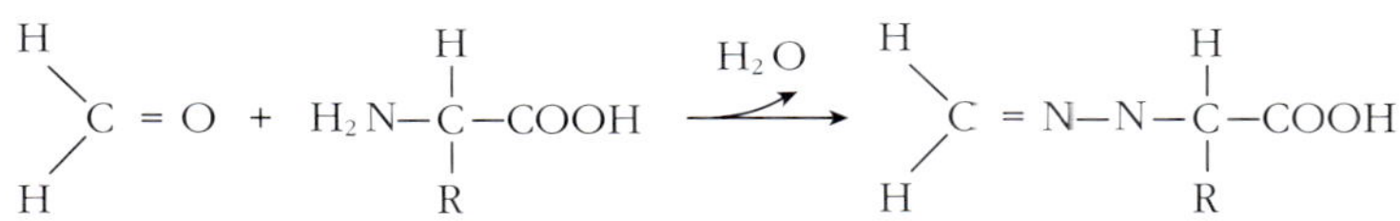

formaldehyde　　amino acid　　methylene　　imine compound

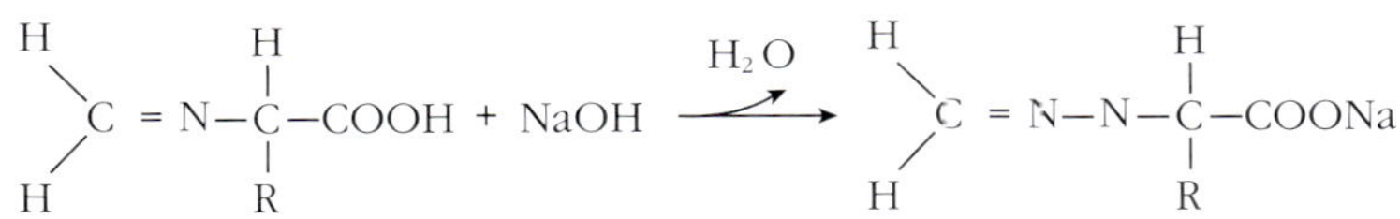

methylene imine compound

(2) 시약과 기구

- 시료
- 중성 포르말린 용액 : 40% 포름알데하이드 formaldehyde에 페놀프탈레인을 가해서 0.2N NaOH 용액으로 미적색이 될 때까지 중화한 용액
- 0.5% 페놀프탈레인 : 페놀프탈레인 0.5g을 50% 에탄올 100mL에 용해한 용액
- 0.05N NaOH

- 삼각플라스크
- 뷰렛, 뷰렛스탠드
- 메스실린더
- 피펫
- 스포이트
- 세척병

(3) 실험 과정

삼각플라스크에 시료용액 25mL를 넣고 중성 포르말린 용액 20mL와 증류수 20mL를 가한다(**본시험**). 별도의 삼각플라스크에 시료용액 25mL와 증류수 40mL를 가한다(**공시험**). 삼각플라스크에 지시약으로 페놀프탈레인 3~4 방울을 가해서 0.05N NaOH로 적정한다.

(4) 결과

$$\text{아미노태 질소 (\%)} = \frac{(A - B) \times F \times D \times 0.0007}{S} \times 100$$

A : 본시험에 대한 0.05N NaOH 적정부피 (mL)
B : 공시험에 대한 0.05N NaOH 적정부피 (mL)
F : 0.05N NaOH 역가
D : 희석배수
S : 시료량(g, mL)

0.0007 : 0.05N NaOH 1mL에 상당하는 질소의 양 (g) (COOH = NH_2)

(5) 고찰

- 포몰법

(6) 참고자료

2. 단백질의 정성반응

단백질은 동식물세포의 원형질을 이루는 주성분으로 그 특성과 출처에 따라서 여러 가지로 구분된다. 단백질 정성반응의 대표적인 반응으로는 정색반응, 침전반응, 응고반응 등을 들 수 있다.

1) 발색(정색)반응

단백질의 2차 구조를 이루는 펩티드 peptide결합 및 곁사슬의 특수 원자단과의 반응으로 성분의 함유 여부를 알 수 있으며, 시험방법은 뷰렛 Biuret반응, 잔토프로테인 Xanthoprotein반응, Adams Kiwis 반응 등이 있다.

정색반응	검출아미노산	정 색
Biuret 반응	peptide 결합	적자색
Xanthoprotein 반응	tyrosine	동황색
Ninhydrin 반응	amino기	적자색
Millon 반응	tyrosine	적갈색
Hopkins-Cole 반응	tryptophan	적자색
Sakaguchi 반응	arginine	적 색
Ehrlich 반응	tryptophan	청 색

■ 잔토프로테인 Xanthoprotein 반응

(1) 원리

방향족의 정색반응으로, 단백질에 c-HNO_3를 가하면 백색 침전이 일어나고, 이를 가열하면 황색이 된다. 이를 다시 냉각시켜 NH_3를 과잉 첨가하면 주황색을 띠게 된다.

티로신 tyrosine, 트립토판 tryptophan, 페닐알라닌 phenylalanine 등에서 양성반응을 나타내며, 주로 벤젠의 니트로 nitro 유도체에 기인한다.

(2) 시약 및 기구

- 시료 : 난백, 진한 질산용액, NaOH, 시험관, 시험관집게, 비커, 알코올램프

(3) 방법

① 단백질 용액에 c-HNO_3를 소량 가하고 가열하면 황색(nitro 화합물)으로 변색된다.

② 이를 다시 냉각하고 NH_4OH(혹은 NaOH)를 가하면 등황색으로 됨

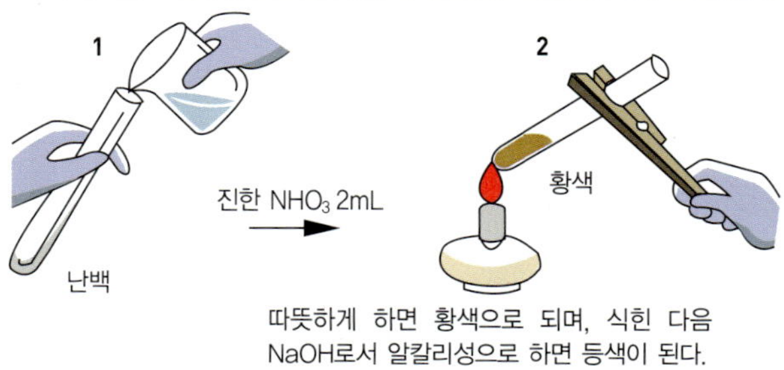

(4) 결과

(5) 고찰

- 방향족 아미노산

(6) 참고자료

2) 침전반응

산에 의한 침전, 중성염에 의한 침전, 중금속에 의한 침전, 기타 침전제에 의한 반응으로 성분 유무를 확인할 수 있다.

3) 응고반응

열, 산 등에 의한 반응으로 성분을 확인할 수 있다.

여기에서는 뷰렛 Biuret 반응과 닌히드린 Ninhydrin 반응을 살펴보기로 한다.

실험 15

■ 뷰렛 Biuret 반응

(1) 실험원리

단백질이나 펩티드를 검출, 펩티드 결합의 유무를 알 수 있다. 또한 단백질 용액을 알칼리성으로 한 다음 황산구리 용액을 가하면 황산그리의 구리이온에 의해 착염이 형성되어 액이 청자색 또는 적자색을 나타낸다. 이 반응은 프로테오스 proteose, 펩톤 peptone, 펩티드 peptide 등의 단백질의 분해산물과 트리펩티드 tripeptide 이상의 peptide만이 이 반응을 일으키며 다이펩티드 dipeptide 이하는 반응이 일어나지 않는다(음성).

[뷰렛]

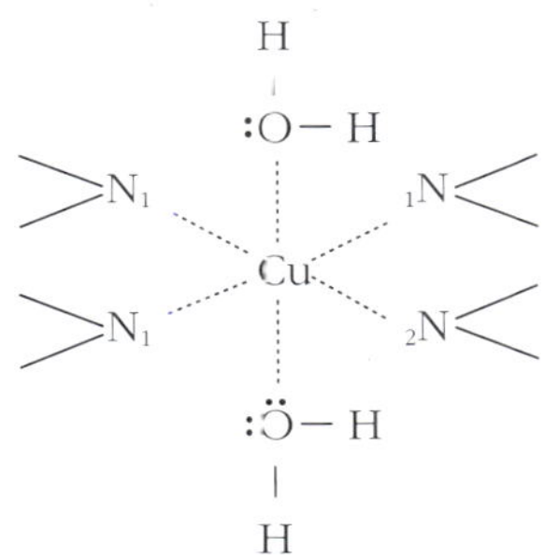

[적자색의 뷰렛 – 구리착화합물]

(2) 재료, 시약 및 기구

- 시료 용액 : 증류수, 1% 알부민 albumin용액, 흰 우유
- 시약 : 10% NaOH 용액, 1% $CuSO_4$ 용액, 증류수
- 기구 : 시험관 3개, 시험관 대,
  스포이트(피펫, 파스퇴르피펫, 혈청분리관 등 dropping이 가능한 것)

(3) 실험방법

① 시험관에 각각 증류수, 흰 우유, 1% albumin용액 1mL를 가한다.

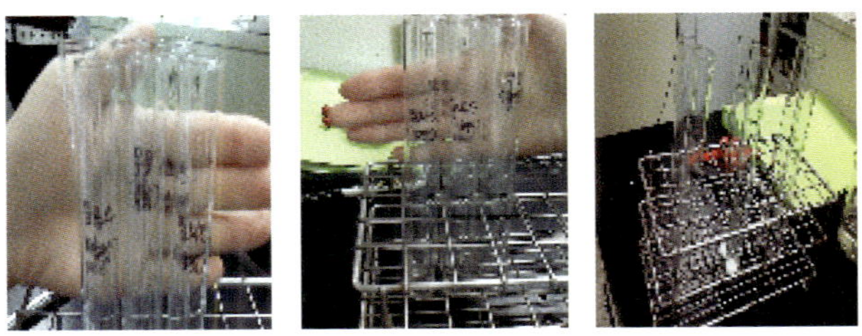

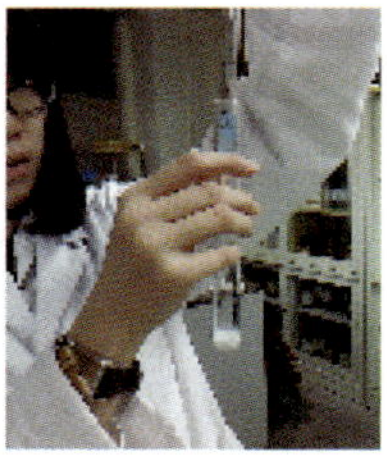

② 3개의 시험관 각각에 10% NaOH 용액 1mL를 가한다.

③ 1% $CuSO_4$용액 1mL를 가하면서 색의 변화를 관찰한다(1% $CuSO_4$ 1~2방울을 가하면 적자색을 나타낸다. $CuSO_4$의 첨가량을 증가시키면 용액의 색은 '적색 → 적자색 → 자청색' 으로 변화).

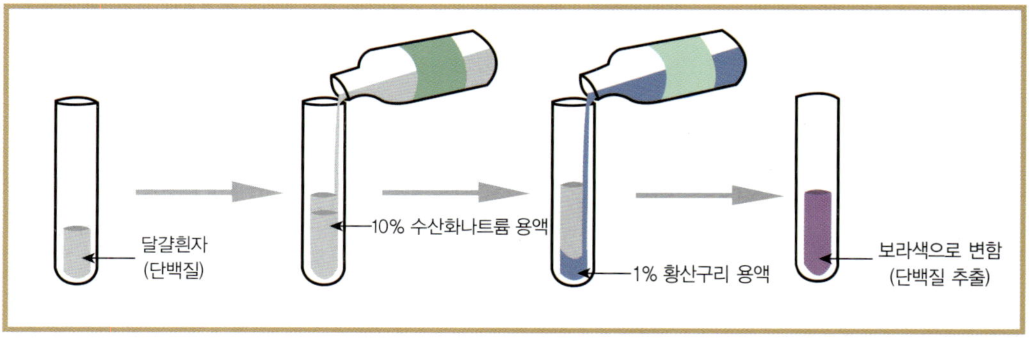

(4) 결과

• Biuret 반응

증류수	흰 우유	1% albumin 용액

(5) 고찰

• 뷰렛 반응
• 펩티드

(6) 참고자료

실험 16

■ 닌히드린Ninhydrin 반응

(1) 실험원리

아미노기를 가진 화합물이 나타내는 정색반응(β, γ.는 정색반응이 불가능)으로 아미노산 amino acid, 펩티드 peptide, 단백질뿐만 아니라 아민류 또는 암모니아들도 이 반응에 양성이다. 이 반응은 매우 예민하기 때문에 아미노산 및 단백질의 정성과 정량에 널리 이용된다.

단백질뿐만 아니라 유리아미노산, 아미노산으로 구성된 펩티드류, 아민류, 암모니아 등도 양성으로 반응하므로 아미노산 및 단백질이나 peptide 결합의 유무를 알 수 있다.

닌히드린을 아미노산의 중성 용액에 가하면 아미노기의 작용에 의해서 닌히드린 2분자가 축합하여 아미노산의 종류에 따른 특유한 색을 나타낸다.

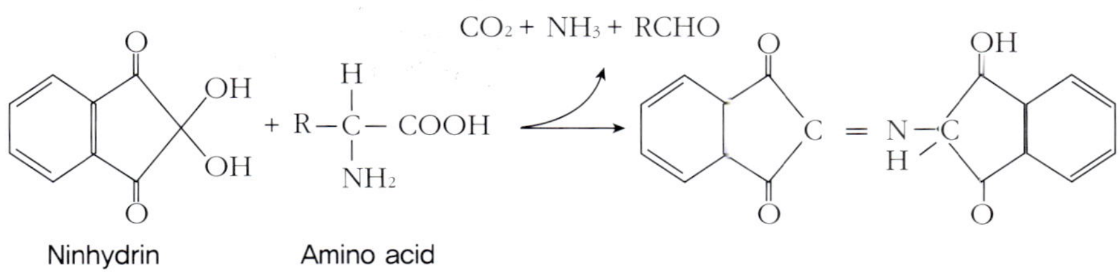

(2) 재료, 시약 및 기구

- 시료 : 1% albumin, 증류수, 흰 우유
- 시약 : Ninhydrin용액(1% 수용액, 빛에 민감하기 때문에 반드시 사용하기 직전에 만들어야 한다.)
- 기구 : 유리시험관 3개, 철제시험관대, 피펫, 스포이트, 피펫, 항온수조

(3) 실험방법

① 시험관에 각각 증류수, 흰 우유, 1% albumin 용액 1mL를 가한다.

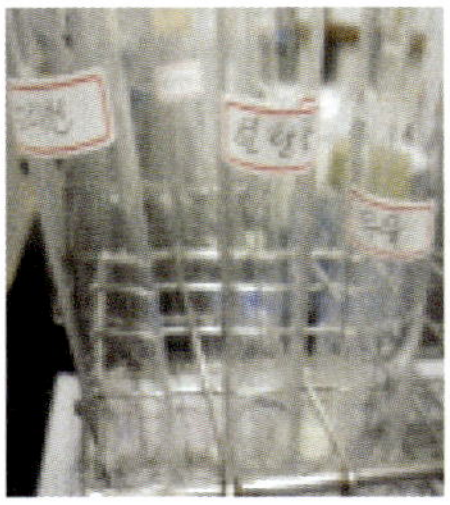

② 3개의 시험관 각각에 1% ninhydrin 용액을 소량(1mL) 가한다.

③ 2~3분간 물중탕으로 가열하면서 색의 변화(적자색 또는 청색)를 관찰한다.

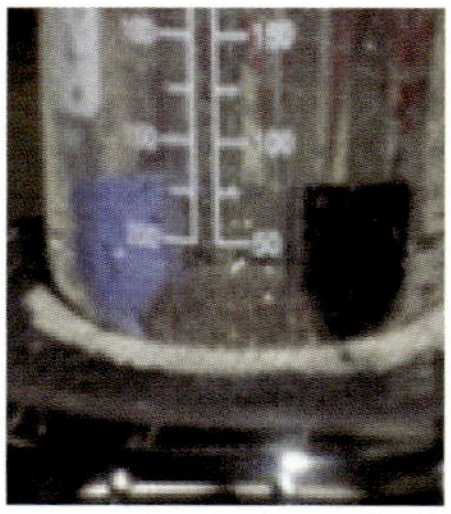

Tip

아미노산 중 프롤린 proline은 황색, 히드록시프롤린 hydroxyproline은 등황색으로 발색

(4) 결과

• Ninhydrin 반응

증류수	흰 우유	1% albumin 용액

(5) 고찰

• 닌히드린 반응

(6) 참고자료

CHAPTER 7

탄수화물 분석

1. 탄수화물 정량

식품 중에 일반적으로 함유된 수분, 회분, 조단백, 조지방 등의 성분에 관한 시험법을 일반성분시험법이라고 하며, 일반적으로 당질은 100에서 수분, 조단백질, 조지방, 조섬유 및 회분을 뺀 양으로 표기한다.

1) 당류의 정량분석

보통 식품분석에서 탄수화물 정량 시, 직접 당류를 측정하는 경우와 열량을 내지 않는 조섬유만을 정량하고 시료 중의 수분, 조단백질, 조지방질, 조회분 및 조섬유소 함량(%)을 모두 더하여 식품 100%로부터 뺀 값으로 나타낸다(가용성 무질소물 함량(%)이라 칭함).

가용성 무질소물(%) = 100 − (수분+조단백질+조지방+조회분+섬유소)

대개는 후자의 방법을 택하나 주성분인 당류와 전분은 직접 측정하지 않으면 안 될 경우가 많다.

일반적으로 식품 중에 존재하는 당류는 화학적으로 서당과 같은 비환원당과 포도당과 같은 환원당이 있으나, 식품분석에서는 그 각각의 구성당은 구별하지 않고 시료를 가수분해하여 당류 전체를 전당 total sugar라 칭하고 그중 환원당만을 따로 분석하는 경우도 있다.

포도당, 과당, 맥아당 및 유당과 같이 Fehling 용액에서 환원성을 갖는 당류를 환원당이라 하고, 환원되지 않는 당류를 비환원당이라 부른다. 이들 비환원당은 정량에 앞서 가수분해시켜 환원기를 표면에 나타나게 하고 정량한다.

이 책의 정량분석에서는 환원당, 비환원당(서당), 전분 및 조섬유의 일반 분석법에 대해서만 기술하였다.

2) 환원당 정량

일반적으로 환원당 정량에는 베르트란드 Bertrand법과 소모기 Somogyi법을 이용해 실시하고 있다.

(1) 베르트란드 Bertrand법

오래된 방법이나 현재에도 식품이나 시료 분석에 많이 사용되는 방법으로, 가열시간을 적게 할 경우 오차가 생길 수 있다.

① 원리

환원당액에 청색의 황산구리와 알칼리성 로셀염 혼합액을 일정량 가하고 정해진 시간 동안 끓이면 환원당의 함량에 비례하여 Cu^{++}가 환원되어 아산화구리 Cu_2O의 적색 침전이 형성된다.

이 침전물(Cu_2O)에 산성인 황산제이철 $Fe_2(SO_4)_3$ 용액을 가하면 이 침전물은 산화되어 황산구리가 되고, 황산제이철은 환원되어 황산제일철 $FeSO_4$이 된다.

이 환원된 황산제일철 $FeSO_4$을 과망간산칼륨 $KMnO_4$ 표준용액으로 적정하면 당액에 의해 침전된 구리의 양을 알 수 있고, 구리의 양이 계산되면 Bertrand 표를 이용하여 구리의 양에 비례하는 당의 양을 알 수 있으므로 시료 중의 환원당량을 계산해낼 수 있다. 이 과정 중 일어나는 화학반응식은 다음과 같다.

$$2Cu(OH_2) + RCHO \rightarrow Cu_2O + 2H_2O + RCOOH$$

$$Cu_2O + Fe_2(SO_4)_3 + H_2SO_4 \rightarrow 2CuSO_4 + 2FeSO_4 + H_2O$$

$$\underset{(\text{녹색})}{10FeSO_4} + \underset{(\text{적자색})}{2KMnO_4} + 8H_2SO_4 \rightarrow \underset{(\text{황적색})}{5Fe_2(SO_4)_3} + 2MnSO_4 + K_2SO_4 + 8H_2O$$

② 기구 및 시약

- 기구 : Glass-filter 15AG-4(3G-3), 감압거름장치, 200mL 삼각플라스크, 200mL 피펫
- 시 약 :

㉠ 황산구리용액($CuSO_4$ 용액, Bertrand A액) : 황산구리($CuSO_4 \cdot 5H_2O$) 40g을 증류수에 녹여 1L로 정용한다.

ㄴ 알칼리성 로셀염 Rochelle salt 용액(Bertrand B액) : Rochelle염($C_4H_4O_6KNa \cdot 4H_2O$) 결정 200g과 수산화나트륨NaOH 150g을 증류수에 녹여 1L로 정용한다.

ㄷ 황산제이철용액$Fe_2(SO_4)_3$ 용액, Bertrand C액) : $Fe_2(SO_4)_3 \cdot n\ H_2O$ 50g을 증류수에 녹여 500mL로 하고, 여기에 진한 황산 200mL을 아주 소량씩 가하고 증류수로 전체를 1L로 정용한다. 용액 제조과정은 발열반응이므로 조심해야 한다. 이 액으로 인하여 $KMnO_4$ 용액을 환원하면 안 된다.

ㄹ 과망간산칼륨용액($KMnO_4$ 용액, Bertrand D액) : $KMnO_4$ 용액 5g을 물에 녹여 1L로 정용하고, 2일간 실온에 두어 정치한 후 유리거르개(유리 여과기)로 걸러서 factor를 구한 후 갈색병에 보관한다. 이때 $KMnO_4$ 용액 1mL에 해당하는 구리의 mg수를 구해둔다.

※ $KMnO_4$ 용액 1mL에 해당하는 구리의 mg수 $= \dfrac{\text{옥살산평취량} \times \dfrac{2 \times 63.54}{126.97}}{KMnO_4\ \text{적정수}}$

③ 실험과정

■ 검액의 조제

ㄱ 환원당으로 0.2~1.0g에 대응하는 검체를 250mL 삼각플라스크에 취하고 80 %v/v 에탄올 100mL를 가하고, 환류냉각기를 설치하고 수욕상에서 1시간 이상 가열분해한다.

ㄴ ㉠을 냉각시키고 분해한 상징액을 비커에 여과하며, 비커 둘레에 묻은 액도 씻어내며 이때 여과된 액도 비커에 합한다.

ㄷ ㉡를 증발시켜 2~3mL가 되게 하고 증류수 30mL를 가하고 잘 혼합한다. 이 혼합액에 중성 초산납용액$Pb(CH_3COO)_2 \cdot 5H_2O$을 침전이 더 이상 생기지 않을 때까지 가하고 15분간 방치 후 여과한다.

ㄹ 여과지상의 잔류물은 증류수 5mL씩으로 3회 씻어준다.

ㅁ ㉣의 여액에 10% 황산나트륨 용액$Na_2SO_4 \cdot 10H_2O$을 더 이상 침전이 생기지 않을 때까지 가하여 납을 제거한다.

ㅂ ㉤를 건조여과지로 여과하고 그 잔류물을 증류수 5mL씩으로 3회 씻어 그 여액에 증류수를 가하여 전체를 100mL로 정용한다.

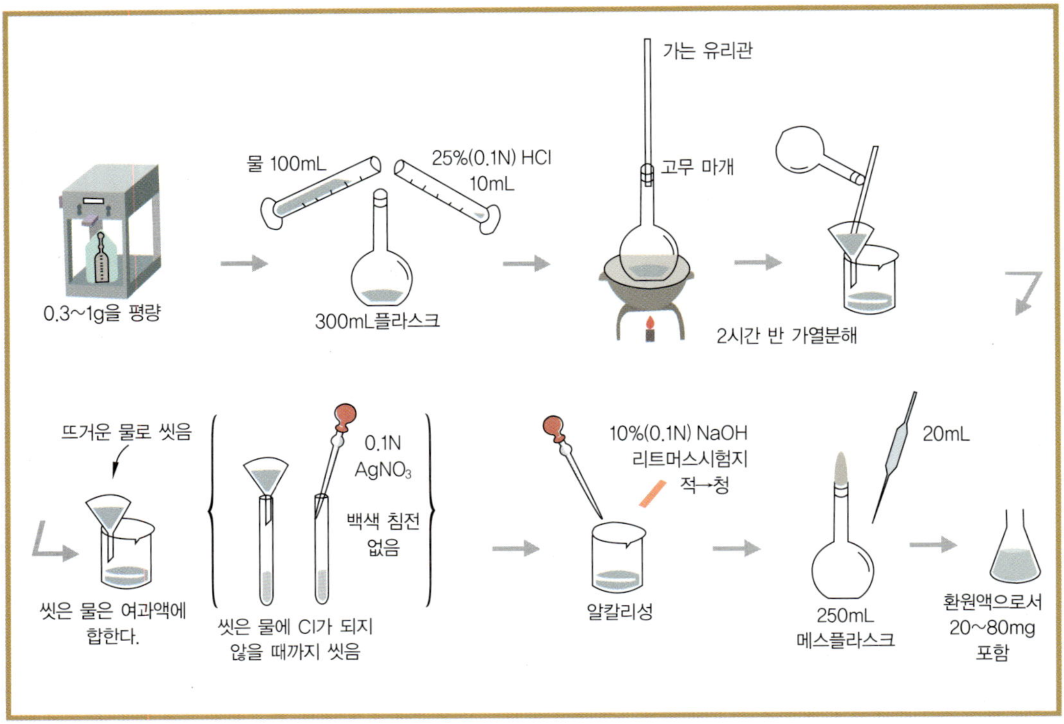

■ 본실험

㉠ 250mL 삼각플라스크에 시료액 20mL(환원당으로 20~80mL)를 정확히 취한다.

㉡ ㉠에 Bertrand A액 20mL와 Bertrand B액 20mL를 각각 플라스크를 흔들면서 가하고 끓기 시작해서부터 3분간 정확하게 끓인 후 방랭한다(끓임 시간 엄수). 이때 끓임액이 청색이 되지 않으면 환원당이 지나치게 많은 것이므로 시료량을 줄여 다시 실시한다.

㉢ ㉡의 상징액만을 Witt거름장치의 유리거르개를 통해 흡인 여과한다(적색 침전물이 공기와 닿지 않도록 한다).

㉣ 알칼리성이 없어질 때까지 더운물로 3~4회 반복하여 씻어준다.

㉤ 침전이 남아 있는 수기를 거름장치 속의 수기와 교환하고 유리거르개에 20mL의 황산제이철액을 조금씩 나누어 부어 침전을 녹이고 감압하에서 거른 후 유리거르개 내의 아산화동 Cu_2O을 전부 녹인다.

㉥ 더운물 100mL로 수회 씻어주고(이때 거르개를 씻은 액도 모은다) 씻은 액을

전부 모은다.

ⓢ ⓗ을 과망산칼륨 용액으로 적정한다.

ⓞ 미홍색이 될 때를 종말점으로 한다.

ⓩ 구리 양을 산출하고 베르트란드 당류 정량표에 의해 당량을 계산하여 검체 중의 당량을 계산한다.

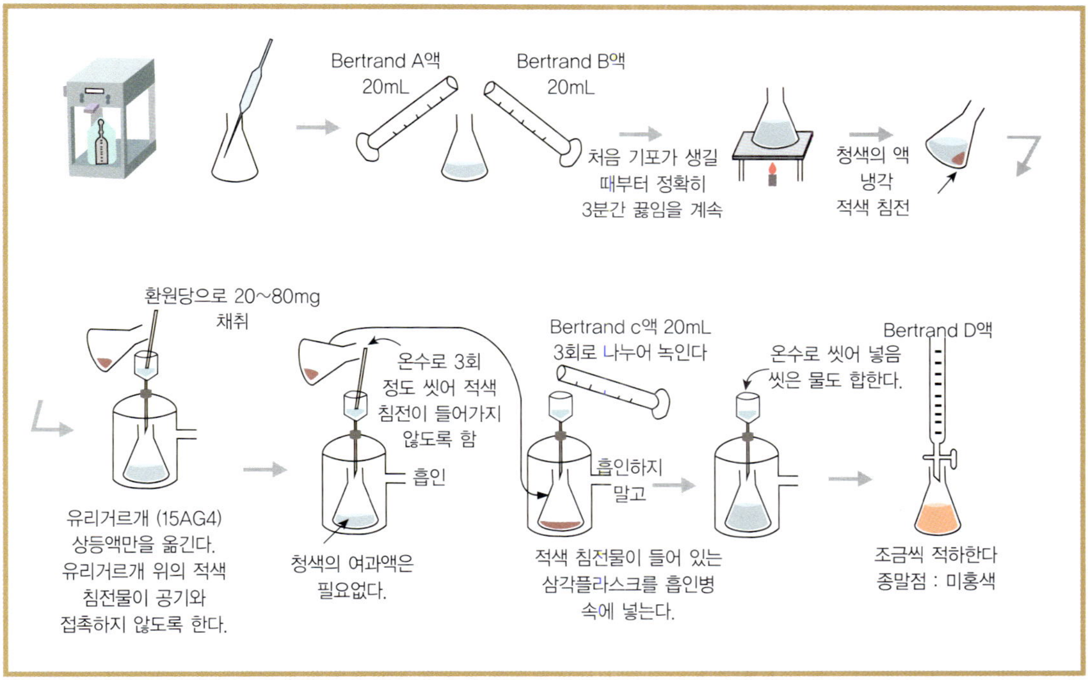

④ 결과

【예】 Bertrand 표의 대조법

당류(mg)	각 당류에 해당하는 Cu량(mg)	
	전화당	포도당
70	129.2	129.8
71	130.8	131.4
72	132.4	133.1

보기 1) 포도당의 구리 양 131.4mg일 때 : 당류 71mg

보기 2) 전화당의 구리 양 131.6mg일 때 : 비례당분 − 당류 71.5mg

$$\text{비례당분} : 71 + \left(\frac{131.6 - 130.8}{132.4 - 130.8}\right)$$
$$= 71 + (0.8/1.6) = 71.5$$

(2) 소모기 넬슨법 Somogyi-Nelson method

① 원리

환원당을 알칼리성 구리시약과 반응시키면 2가의 구리이온 Cu^{2+} 으로 환원되고 적색의 아산화동 Cu_2O 침전을 생성한다. 이 생성된 아산화동 Cu_2O 을 비소몰리브덴산암모늄으로 발색시켜 환원당을 비색정량한다.

$$CuSO_4 + RCHO \rightarrow Cu_2O + 2H_2O + RCOOH$$
$$Cu_2O + H_2SO_4 \rightarrow 2\,Cu^{2+}$$
$$2\,Cu^{2+} + MoO_4^{2-} + SO_4^{2-} \rightarrow 2\,Cu^{2+} + \text{몰리브덴 청색}$$

② 기구 및 시약

- 기구 : 시험관, 피펫, 분광광도계, 비커, 메스플라스크

- 소모기시약
  - ㉠ 무수탄산나트륨 Na2CO$_3$ 25g과 주석산칼륨나트륨 $C_4H_4KNaO_6 \cdot 4H_2O$ 12g을 250mL의 증류수에 녹인다.
  - ㉡ 10% 결정황산구리용액 $CuSO_4 \cdot 5H_2O$ 을 제조한다.
  - ㉢ 앞서의 ㉡액 40mL 탄산수소나트륨 $NaHCO_3$ 16g을 ㉠에 가하여 녹인다.
  - ㉣ 별도로 무수황산나트륨 Na2SO$_4$ 16g을 50mL의 끓는 물에 녹이고 냉각시킨다.
  - ㉤ 앞서의 ㉢액과 ㉣액을 혼합하고 증류수로 1L로 정용한다. 시약은 실온 보관한다.

■ 넬슨시약

㉠ 몰리브덴산암모늄 $(NH_4)_6Mo_7O_{24} \cdot 4H_2O$ 25g을 증류수 450mL에 녹이고 여기에 진한 황산 21mL을 소량씩 가하여 혼합한다.

㉡ 비산이나트륨 $Na_2HAsO_4 \cdot 7H2O$ 3g을 소량(약 25mL)의 증류수에 녹여 놓는다.

㉢ 앞서의 ㉡액을 ㉠액을 혼합하고 증류수로 1L로 정용한다.

■ 당 표준용액

특급 포도당 10mg을 증류수에 녹여 100mL로 하고 이를 희석하여 0, 25, 50, 75, 100㎍/mL의 농도가 되도록 하여 사용한다.

③ 실험방법

㉠ 시험관에 표준용액(환원당으로 10~100㎍ 함유되도록)을 1mL 취하고, 소모기시약 1mL을 가한 후 뚜껑을 하고 끓는 탕욕 중에서 정확하게 10분간 둔다.

㉡ 10분 후 흐르는 물로 냉각하고 넬슨시약 1mL를 가하여 잘 혼합한다.

㉢ 앞의 ㉡에 증류수 7mL을 가하고 15분간 방치 후 500nm(또는 600nm)에서 흡광도를 측정하여 검량선을 작성한다.

㉣ 시료에 대하여도 같은 방법으로 발색시키고 검량선으로부터 환원당량을 구한다.

(3) 소모기변법

① 원리

Cu^{2+}의 환원에 의하여 생성된 Cu^{+}을 일정량의 I_2와 반응시켜 남는 I_2를 $Na_2S_2O_3$ 용액으로 적정하여 당량을 계산하는 방법으로, 혈액이나 반미량의 당을 정량하는 데 많이 쓰인다.

$$KIO_3 + 5KI + 3H_2SO_4 \rightarrow 3I_2 + 3H_2O + 3K_2SO_4$$

$$2Cu^{2+} + I_2 \rightarrow 2Cu^{2+} + 2I^-$$

$$2Na_2S_2O_3 + I_2 \rightarrow Na_2S_4O_6 + 2NaI$$

② 시약

- 기구 : 삼각플라스크, 메스실린더, 메스플라스크, 뷰렛, 피펫
- 시약 :

㉠ A용액 : Rochell염 $C_4H_4O_6KNa \cdot 4H_2O$ 90g, $Na_3PO_4 \cdot 12H_2O$ 225g을 증류수 700mL에 용해하고, $CuSO_4 \cdot 5H_2O$ 30g, KIO_3 3.5g을 각각 증류수에 용해하여 두 용액을 혼합하여 전체가 1L가 되게 한다.

㉡ B용액 : $K_2C_2O_4 \cdot H_2O$ 90g과 KI 40g을 증류수에 녹여 전량을 1L로 한다. 조제 후 1주일이 경과하면 다시 조제한다.

㉢ C용액 : 2N H_2SO_4 용액(진한 H_2SO_4 9.8g을 증류수에 천천히 희석하여 100mL로 정용한다.)

㉣ D용액 : 0.05N $Na_2S_2O_3$ 용액($Na_2S_2O^3 \cdot 5H_2O$ 12.5g)을 새로 끓여서 냉각시킨 증류수(CO_2 gas 제거)로 용해하고 무수 Na_2CO_3 0.1g을 넣어 1L로 정용하여 하루 동안 방치한 후 표정하여 역가를 구한다.

㉤ 1% 전분용액 : 증류수 50mL를 끓여서 식혀놓는다. 한편으로 다른 플라스크에 증류수 30mL를 넣고 전분 1g을 넣어 녹이고 끓여서 식혀놓은 증류수를 가하면서 액이 투명해질 때까지 가열하며 끓인다. 액이 투명해지면 불에서 내리고 냉각하여 100mL로 정용한다.

③ 실험방법

㉠ 100mL 삼각플라스크에 A액 10mL, 시료액(2~2.5mg의 환원당을 함유), 증류수를 가하여 전량이 30mL가 되도록 한다.

㉡ 앞의 ㉠을 2분 이내에 끓게 하여 3분간 끓인 후 냉수에 신속히 냉각시킨다. 이때 Cu_2O의 적색 침전이 공기와 닿지 않도록 주의한다.

㉢ 앞의 ㉡에 신속히 B액 10mL, C액 10mL를 가하여 흔들어 침전을 완전히 녹인다.

㉣ 앞의 ㉢을 D액으로 적정한다. 지시용액으로는 E액을 1~2방울 떨어뜨린다.

㉤ 코발트색이 될 때를 종말점으로 한다.

㉥ 반드시 공시험을 행한다.

④ 계산

$$환원당(\%) = \frac{A(N-n)\times F\times D}{S}\times 100$$

A : 각종 환원당의 0.05N $Na_2S_2O_3$ 1mL에 상당하는 양(mg)

glucose 1.45mg

fructose 1.44mg

maltose 2.62mg

xylose 1.35mg

N : 공시험 적정치(mL)

n : 시료용액의 적정치(mL)

F : 0.05N $Na^2S_2O_3$의 역가

D ; 희석배수

S : 시료량(mg)

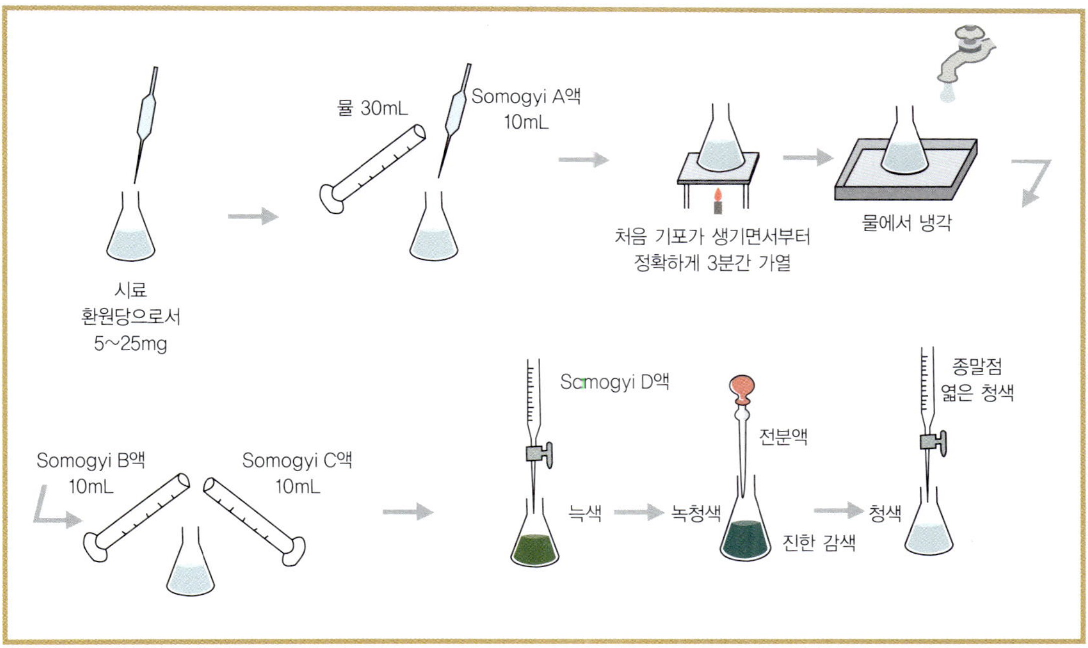

■ 검량선 작성을 위한 소모기변법에 의한 환원당 정량

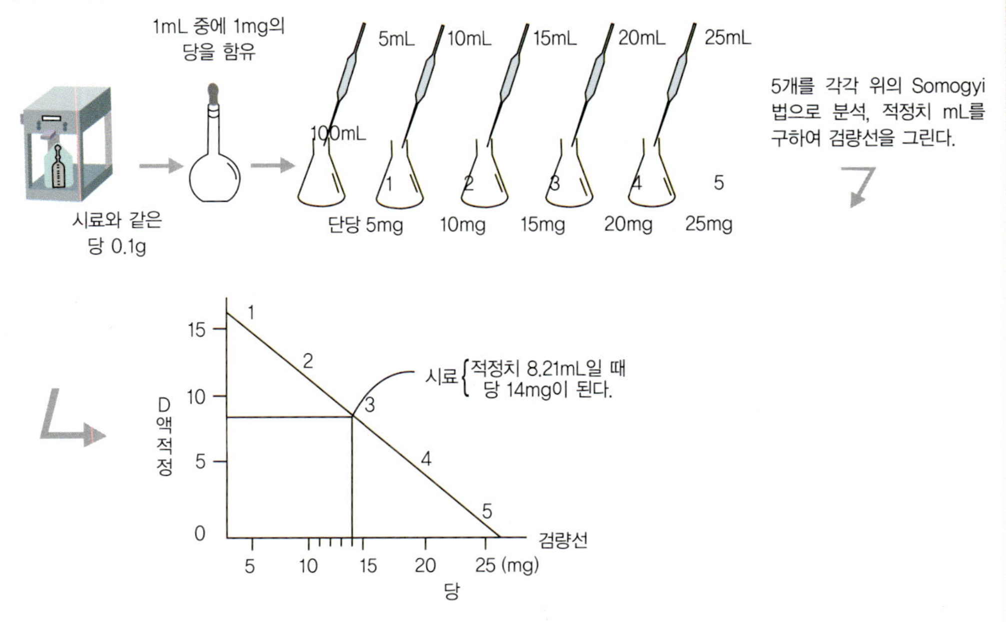

3) 비환원당 정량

(1) 서당 sucrose의 정량

① 원리

서당은 맥아당, 젖당과 함께 이당류에 속하는 당이다. 서당을 포함한 비환원당을 정량하려면 산으로 가수분해시켜 전화당이 되면 이에 0.95를 곱하여 구하면 된다. 단 각 시료에 환원당이 초기에 함유되어 있다면 우선 환원당을 정량하고 전체에서 이 값을 빼면 된다(**산가수분해법**).

② 기구 및 시약

- 기구 : 삼각플라스크, 용량플라스크, 뷰렛, 피펫 등
- 시약 : 0.1N HCl, 0.1N NaOH

③ 실험방법

㉠ 시료액 50mL를 300mL 삼각플라스크에 취한다.

㉡ ㉠에 0.1N HCl 15mL를 가하고 환류냉각기에 넣어 수욕상으로 30분간 가열해 가수분해시킨다.

㉢ 가수분해된 ㉡을 냉각 후 0.1N NaOH를 15mL 가하여 중화시키고 205mL로 정용한다.

㉣ 앞서의 ㉢의 일부분을 취해 정량(유리환원당 존재 시 그 값을 빼고 0.95를 곱해 서당의 양을 구함)

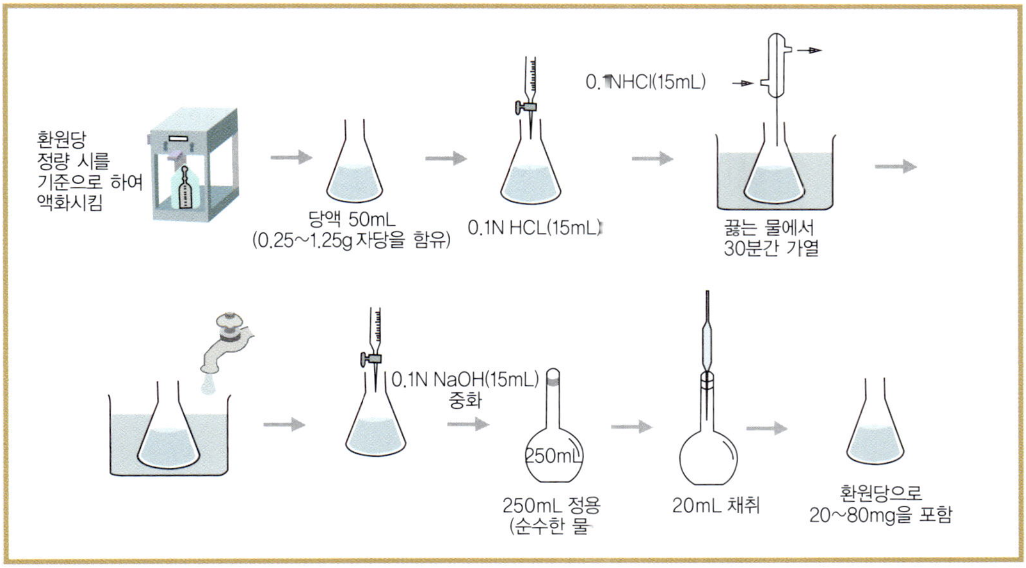

④ 계산

$$서당(\%) = \frac{A \times 0.95 \times D}{S} \times 100$$

A : 전화당량(g)

Tip

$C_{12}H_{22}O_{11} + H_2O \rightarrow 2C_6H_{12}O_6$

$$\frac{C_{12}H_{22}O_{11}의\ 분자량}{2C_6H_{12}O_6의\ 분자량} = \frac{342.1}{2 \times 180.1} = 0.95$$

4) 전분starch 정량

(1) 원리

전분은 아밀로오스와 아밀로펙틴으로 이루어져 있으며, 이 두 성분은 모두 포도당으로 이루어진 중합체이다. 즉, 전분은 포도당의 중합체로 환원성이 없으므로 산이나 효소를 이용하여 가수분해시켜 환원당으로 하여 정량한다(산가수분해법).

(2) 기구 및 시약

- 기구 : 삼각플라스크, 비중계, 용량플라스크, 비커, 피펫
- 시약 :
  ① 25% HCl 용액(비중 1.125) : (25%/37%) × 100 = 675.7mL를 취하여 증류수로 희석하여 1L로 정용한다.
  ② 10% NaOH 용액
  ③ 페놀프탈레인 0.1% 지시약

(3) 실험과정

① 전분으로 1~2g에 상당하는 시료(곡류 · 두류는 2~3g, 고구마 · 감자는 5~10g)를 정확히 취한다.

② 250mL 둥근바닥플라스크에 ①을 담고 증류수 100mL와 25% HCl 10mL를 가하고 역류냉각관 또는 냉각관air condenser(0.5~1m)을 부착하고 끓는 수욕상에서 2~3시간 가열분해 후 방치한다.

③ ②를 여지(No. 5-B)로 여과하고 연소반응이 없어질 때까지 따듯한 증류수로 잔사를 씻어준다.

④ ③을 10% NaOH 용액으로 중화시킨다. 이때 사용하는 지시약은 0.1% 페놀프탈레인을 몇 방울 가하여 시료액이 미홍색이 될 때를 중화점으로 한다.

⑤ ④를 500mL 용량플라스크에 옮겨 증류수로 500mL로 정용한다.

⑥ ⑤ 중 일부(5~20mL)를 취하여 소모기법으로 환원당을 정량하고 이 값에 0.9를 곱하여 전분량으로 한다.

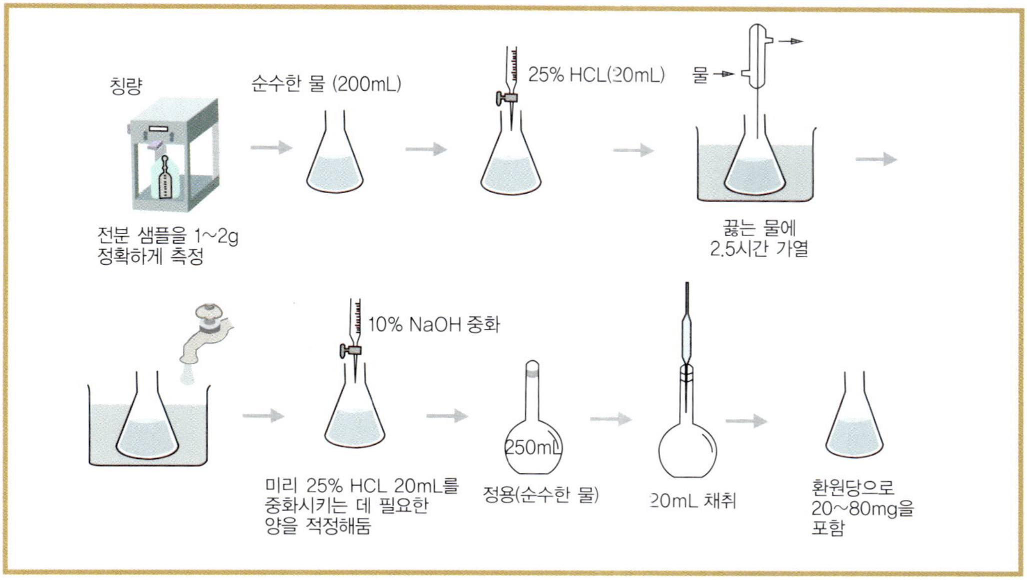

(4) 계산

$$전분(\%) = \frac{A \times 0.90 \times D}{S} \times 100$$

A : 환원당량(포도당량, g)

B : 희석배수

S : 시료량(g)

Tip

$$(C_6H_{10}O_5)n + nH_2O \rightarrow n(C_6H_{12}O_6)$$

$$\frac{(C_6H_{10}O_5)n\text{의 분자량}}{n(C_6H_{12}O_6)\text{의 분자량}} = \frac{162.1 \times n}{180.1 \times n} = 0.9$$

5) 섬유소 Dietry Fiber 정량

식물성 식품을 묽은 산과 묽은 알칼리에 순서대로 가열 처리하면 대부분 용해되고 약간의 불용물이 남게 되는데, 이 불용성 잔사물이 섬유소이며, 이는 순수한 섬유소가 아니라 다른 물질도 약간 함유되어 있으므로 조섬유 crude fiber라고 한다. 여기에서는 AOAC법 Association of official Analytical Chemists에 의한 정량법을 설명하기로 한다.

(1) 원리

조섬유소 정량은 용해와 회화의 두 단계로 이루어지며, 묽은 산과 묽은 알칼리로 처리하여 가용성 물질을 제거하는 용해와 불용성 잔사물 안에 함유되어 있는 무기물 함량을 구해내는 회화의 과정이다.

조섬유 정량법은 반드시 규정조건에 따라 실시해야 하며, 이 조건이 맞지 않을 경우 그 값이 달라지게 된다.

(2) 기구 및 시약

- 기구 : 삼각플라스크, 유리여과기(1G-3, 어댑터, 흡인병와 연결하여 사용), 조섬유 정량용 여과관 등
- 시약 :
  - ① 1.25% H_2SO_4 용액
  - ② 1.25% NaOH 용액
  - ③ 95% alcohol
  - ④ 아밀알코올 amyl alcohol
  - ⑤ 에테르 ether
  - ⑥ 석면

(3) 실험방법

① 분말화한 시료를 너무 많지 않게 적당량 취한다. 수분이 많은 야채류는 미리 건조하여 분말로 하여 둔다. 곡류 2~5g, 두류 1~2g, 감자 · 야채류 2~5g, 과채류 5g 정도가 적당하다.

② ①을 에테르 ether로 탈지시키고 500mL 삼각플라스크에 담고 석면 0.5g 정도를 가하여 환류냉각관을 설치하고 끓인 1.25% H_2SO_4 용액 200mL를 가한다. 이때 끓어 넘칠 염려가 있으므로 아밀알코올 amyl alcohol 0.5~1mL를 냉각관 상부로 주입해 소포제로 이용한다.

③ ②를 30분간 정확하게 끓인후, 삼각플라스크를 떼어내고 여과관을 흡인여과장치에 거꾸로 넣어 흡인 여과한다.

④ 여액이 산성을 나타내지 않을 때까지 삼각플라스크에 남아 있는 액을 충분히 흡인하고 이 과정을 여러 번 반복한다.

⑤ ①부터 ④ 과정과 같이 동일한 장치를 이용하여 끓인 1.25% NaOH 용액도 동일하게 실시한다. 단 전량은 200mL로 한다.

⑥ ⑤의 여액이 알칼리성이 다 없어질 때까지 뜨거운 물로 여러 번 세척하고 마지막에 알코올 15mL로 세척한다.

⑦ 분리한 여과기는 105℃ 건조기에서 1시간 건조 후 30분간 방랭하여 칭량한다. 항량에 도달할 때까지 ⑦의 과정을 반복한다(=$\mathbf{W_1}$).

⑧ 건조시킨 여과기를 회화로에 넣고 서서히 온도를 올려 550℃에서 약 1시간 가열하여 유기물만을 완전 회화한다.

⑨ 회화로의 온도를 200℃ 정도로 떨어뜨린 후 여과기를 꺼내어 방랭 후 칭량한다. 항량이 될 때까지 ⑦, ⑧의 과정을 반복한다(=$\mathbf{W_2}$).

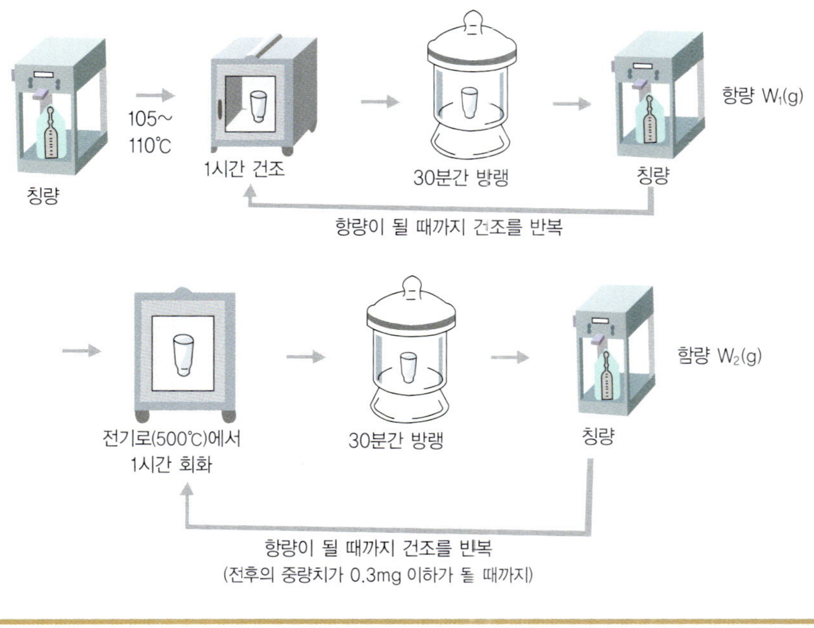

(4) 계산

$$조섬유(\%) = \frac{W_1 - W_2}{S} \times 100$$

W_1 : 유리여과기의 여과 후의 건조 항량

W_2 : 유리여과기의 회화 후의 항량

S : 시료량(g)

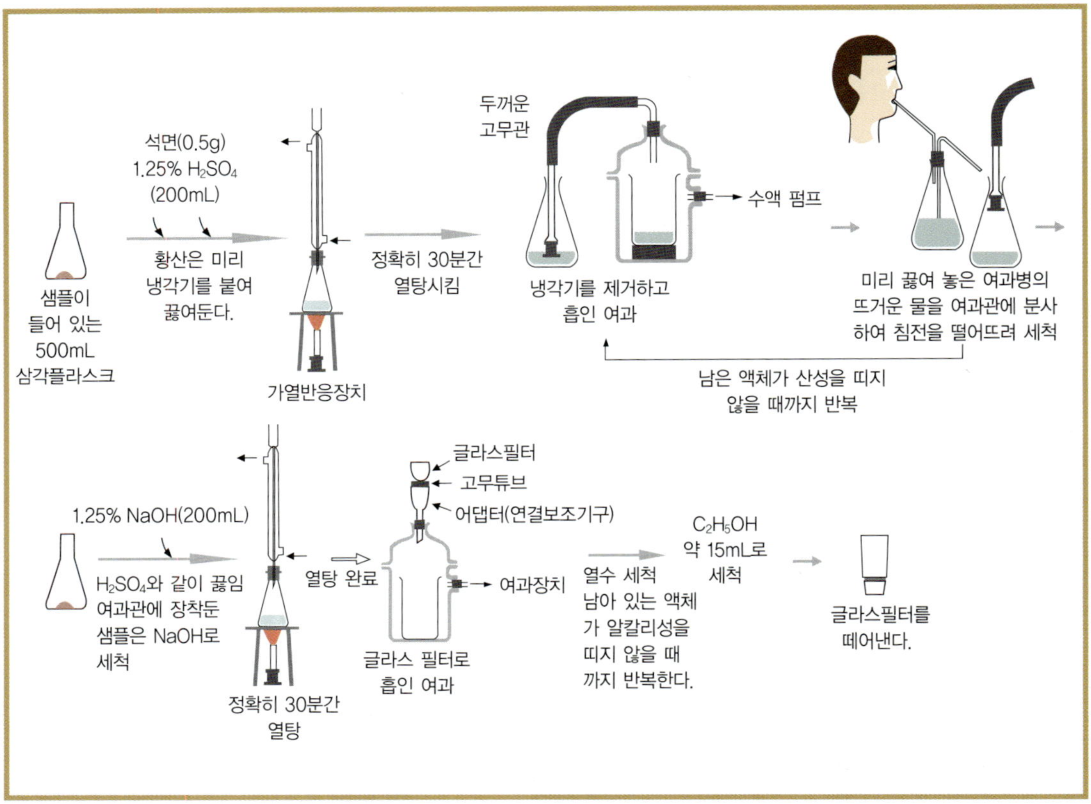

6) 다당류 검출 반응

(1) 원리

요오드는 다당류에 흡착되어 착색물질을 만든다. 전분은 청람색을 띠고, 글리코겐 및 전분의 부분적 가수분해 산물과 덱스트린dextrin은 분자의 크기에 따라 적색 내지 갈색 또는 음성반응을 나타낸다.

(2) 시약과 기구

- 시료
- 요오드 용액 : 0.05N 요오드를 포함한 3% KI 수용액

(3) 방법

시료용액에 묽은 염산을 1방울 넣은 후, 요오드 2방울을 가하여 나타나는 색을 비교한다. 시료용액 대신 물을 사용하여 동일한 실험을 실시한다. 또한 요오드에 의한 착색물질을 가열했을 때와 다시 식혔을 때의 색의 변화를 관찰한다.

(4) 결과

(5) 고찰

(6) 참고자료

2. 탄수화물의 정성반응

단백질, 지질과 함께 탄수화물은 인간의 열량영양소로서의 기능을 수행하고 있으며, 이들 세 영양소에 의하여 주로 우리는 생명 유지에 필요한 에너지를 얻고 있다. 이 중 탄수화물은 일반적으로 탄소 · 수소 · 산소의 세 원소로 구성되어 있으며, 그 성분 안에 질소를 함유하지 않고 있다 하여 무질소물이라고 표현하기도 한다. 또한 인간의 소화와 관련하여 소화가 가능한 가용성 소화성 다당류와 소화가 어려운 난소화성 다당류로 구분하기도 한다.

식품 성분으로서의 탄수화물은 단당류, 이당류, 소당류, 다당류 및 이들의 유도체로 이루어져 있다.

표 7-1 식이 당질의 분류

화학적 분류	함유당질	영양학적 분류	
단당류	포도당 Glucose 과당 Fructose 갈락토오스 Galactose		
소당류 ① 이당류 ② 삼당류 ③ 사당류	서당 Sucrose 유당 Lactose 맥아당 Maltose 라피노오스 Raffinose 스타키오스 Stachyose	이용 가능한 당질	
다당류 ① 저장형 ② 구조형	전분 Starch 덱스트린 Dextrins 검류 Gums 펙틴질 Pectic substances 헤미셀룰로오스 Hemicellulose 셀룰로오스 Cellulose 리그닌 Lignin	이용이 불가능한 당질 (식이섬유)	가용성 섬유소 불용성 섬유소

참고 : Ceirwyn S. James, 알기 쉬운 식품분석화학, 2001

식품 성분으로서 중요한 몇 가지 단당류 및 소당류에 대한 정성반응은 다음과 같다.

1) 몰리슈 Molisch 반응

이 실험법은 당류의 공통된 정색반응으로 알파-나프틀 α-naphtol 반응이라 부르기도 한다.

(1) 원리

단당류는 진한 황산에 의해 탈수반응이 일어나 푸르푸랄 furfural 유도체로 된다. 이것이 알파-나프톨과 반응하여 자색 또는 적자색의 착색물질을 형성한다. 소당류 및 다당류는 진한 황산에 의해 글리코시드 glycoside 결합이 끊어져 단당류로 되고, 이후 이 가수분해된 단당류에 의해 착색물질이 형성된다.

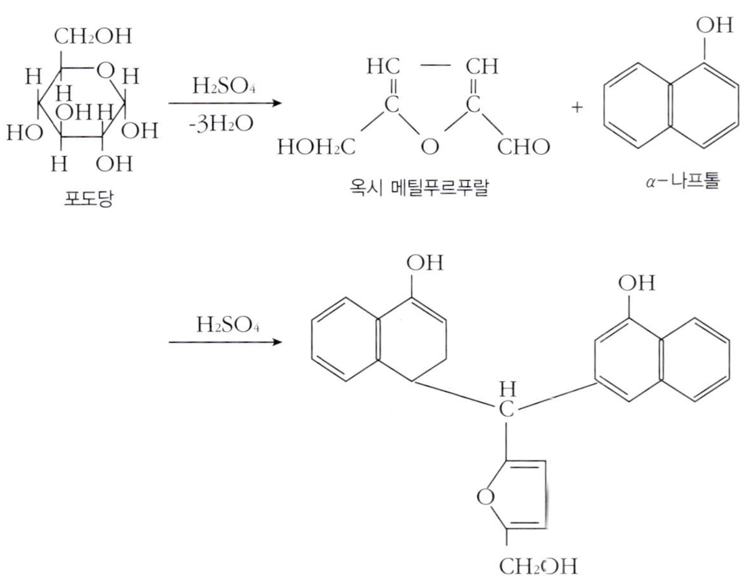

나프탈렌메틸푸르푸랄(적자색 색소)

(2) 시약 및 기구

(3) 실험방법

① 시험관에 시료 5mL와 5%의 α-나프톨 알코올 용액을 2방울을 가한다.

② 진한 황산 2mL를 시험관 벽을 따라 조심스럽게 섞어준다.

③ 액이 두 층으로 되면서 적자색의 고리가 생성되는지를 확인한다.

④ 이를 혼합한 다음 청자색으로의 변색 유무를 확인한다(일반 당의 경우는 강산과 반응하여 푸르푸랄furfural을 생성함).

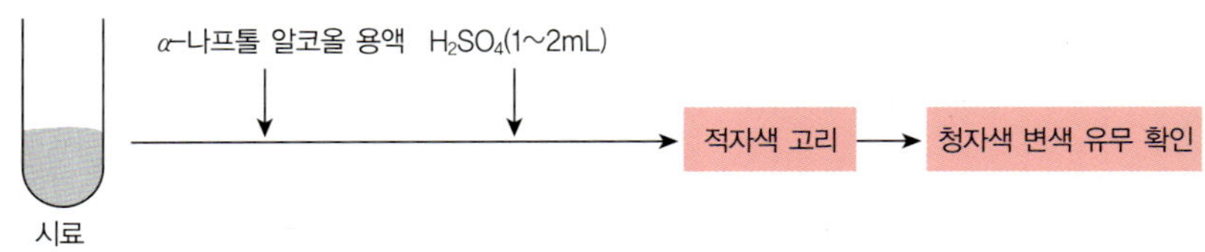

(4) 결과

(5) 고찰

(6) 참고자료

실험 17

2) 페엘링 Fehling 반응

(1) 원리

환원당에 의해 구리이온 Cu^{++}이 환원되어 적자색의 산화제일구리 Cu_2O로 변하는 반응이다.

- Fehling A용액
  $CuSO_4$ 6.9g을 증류수에 녹여 전체를 100mL가 되게 한다.

- Fehling B용액
  34.6g 타르타르산나트륨칼륨 potassium sodium tartrate(Rochelle염)과 NaOH 10g을 증류수에 녹여 전체가 100mL가 되게 한다. 사용할 때는 A액과 B액을 동량 가한다.

(2) 시약 및 기구

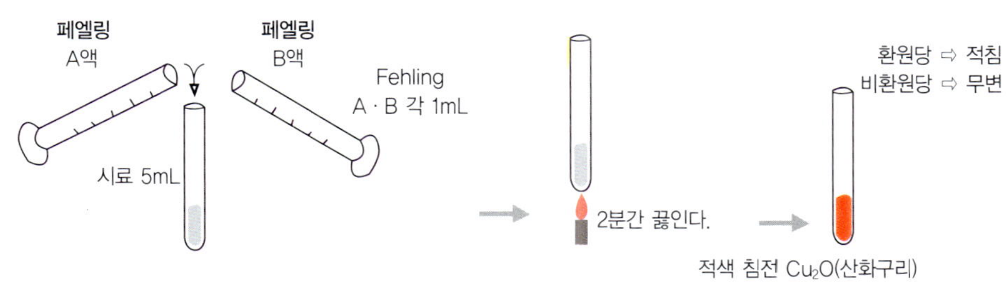

(3) 실험방법

① 시료용액 5mL를 Fehling A용액 1mL, Fehling B용액 1mL를 시험관 안에 넣고 잘 섞어준다.

② 2분간 가열하여 끓인다.

③ 적색 침전(산화구리)의 형성 여부를 확인한다(환원당의 경우 적색 침전 형성, 비환원당의 경우는 변화가 없음).

(4) 결과

(5) 고찰

- 환원당과 비환원당

(6) 참고자료

실험 18

3) 은경 silver mirror reaction 반응

(1) 원리

페엘링 반응의 원리와 같다.

(2) 시약 및 기구

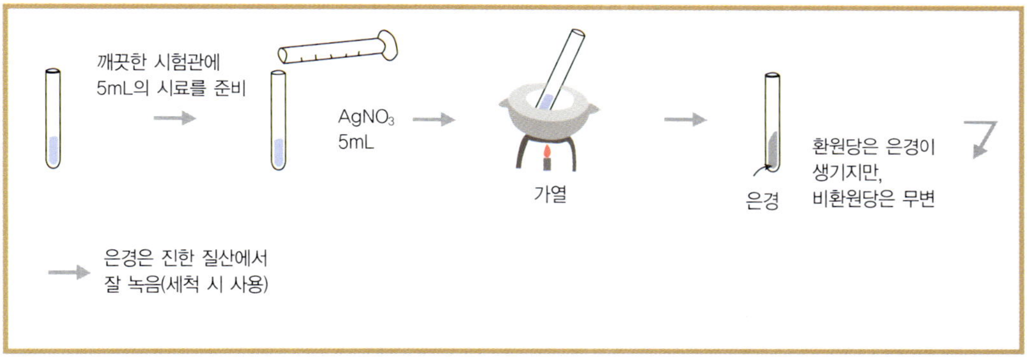

(3) 실험방법

① 깨끗한 시험관 안에 시료용액 5mL를 넣어 준비한다.

② 질산은 $AgNO_3$ 용액 5mL를 가한다.

③ 이를 가열한다.

④ 은경 silver mirror 발생 유무를 확인한다(환원당은 은경 생성, 비환원당은 변화 없음).

(4) 결과

(5) 고찰

• 환원당과 비환원당

(6) 참고자료

실험 17

4) 베네딕트Benedict 반응

(1) 원리

Benedict 반응은 Fehling 반응과는 달리 한 가지 시약 용액을 쓰기 때문에 편리하다. 뿐만 아니라 Benedict 시약은 Fehling 용액에 비해 알칼리성이 훨씬 약하므로 더 안정하며, 환원성을 가진 탄수화물에 대하여 선택적으로 작용한다.

$$CuSO_4 + Na_2CO_3 + 2H_2O \longrightarrow Ca(OH)_2 + Na_2SO4 + CO_2 + H_2O$$

$$2Cu(OH)_2 + RCHO \longrightarrow 2CuOH + H_2O + RCOOH$$

$$2CuOH \longrightarrow Cu_2O\downarrow + H_2O$$

(2) 시약과 기구

- 시료
- Benedict 시약 : 173g의 시트르산나트륨sodium sitrate과 탄산나트륨 Na_2CO_3 90g을 600mL의 미지근한 물에 함께 녹여 거름종이를 써서 여과한 후, 여과액에 물을 더하여 850mL가 되게 한다. 한편 17.3g의 $CuSO_4 \cdot 5H_2O$를 물에 녹여 150mL가 되게 한 용액을 첫째 용액에 저으면서 천천히 섞어서 만든다.

(3) 실험방법

2mL의 Benedict 시약에 1mL의 시료용액을 넣고 끓는 물 속에 5분 동안 담가 두어 색의 변화를 관찰한다.

(4) 결과

(5) 고찰

- 환원당과 비환원당

(6) 참고자료

CHAPTER 8

지질 분석

1. 조지방 정량

실험 19

1) 속슬렛 Soxhlet 추출법

(1) 원리

식품 중의 지질 정량은 에테르 등의 유기용매에 용해하는 물질의 양을 측정하여 구할 수 있다. 이러한 유기용매에 용해하는 물질은 지방 이외에 색소류, 납 wax, 알칼로이드 alkaloid, 유기산의 일부가 함유되어 있으므로 일반적으로 조지방 crude fat 또는 에테르 추출물 ether extract이라고 한다. 속슬렛 Soxhlet 추출법은 유기용매와 속슬렛 Soxhlet 추출기라는 연속 추출장치를 사용하여 유지를 추출하며 시료 속에 들어 있는 조지방 양을 정량하는 방법이다.

(2) 시약과 기구

- 시료 : 쌀가루(밀가루 또는 분유), 에테르, 속슬렛 Soxhlet 추출기, 냉각기, 둥근바닥 플라스크(지방수기), 원통여지, 탈지면, 드라이오븐 dry oven, 데시케이터 desiccator

(3) 방법

① 5g 정도(**S**)의 시료를 원통여지 속에 채워넣고, 그 표면을 탈지면(약솜)으로 덮어 95~100℃의 건조기에 넣고 2~3시간 건조시킨 후 데시케이터에 방랭한 다음 속슬렛 추출기 속에 세워놓는다 그림 7-1.

② 먼저 데시케이터 속에 항량시켜 넣어둔 추출기의 플라스크 무게를 측정해 둔다. 추출기 속에 에

그림 8-1 | 속슬렛 추출기

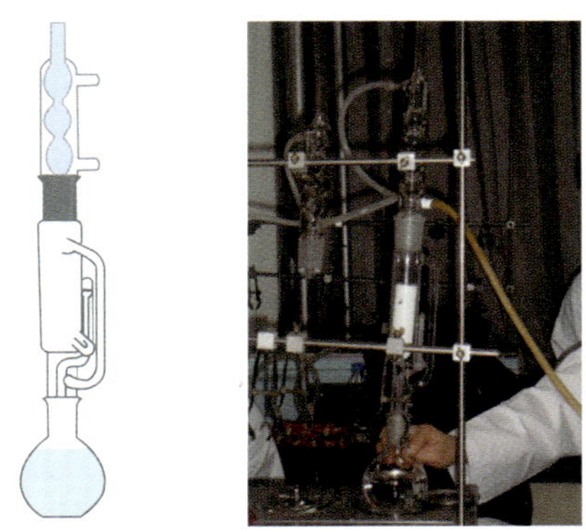

테르를 70mL 정도 천천히 흘려 넣어 원통여지가 2/3 정도 잠기게 한다.

③ 한편 플라스크에도 다공성 사기조각과 함께 에테르를 2/3 정도 넣고 동체에 연결하고 마지막으로 냉각기를 붙여 40~50℃의 물중탕에서 15시간 정도 가열한다.

④ 추출기의 연결 부분에 에테르 기체가 새어 나오는지 여부를 조사하고 가열

그림 8-2 | 속슬렛 추출법에 의한 조지방 정량

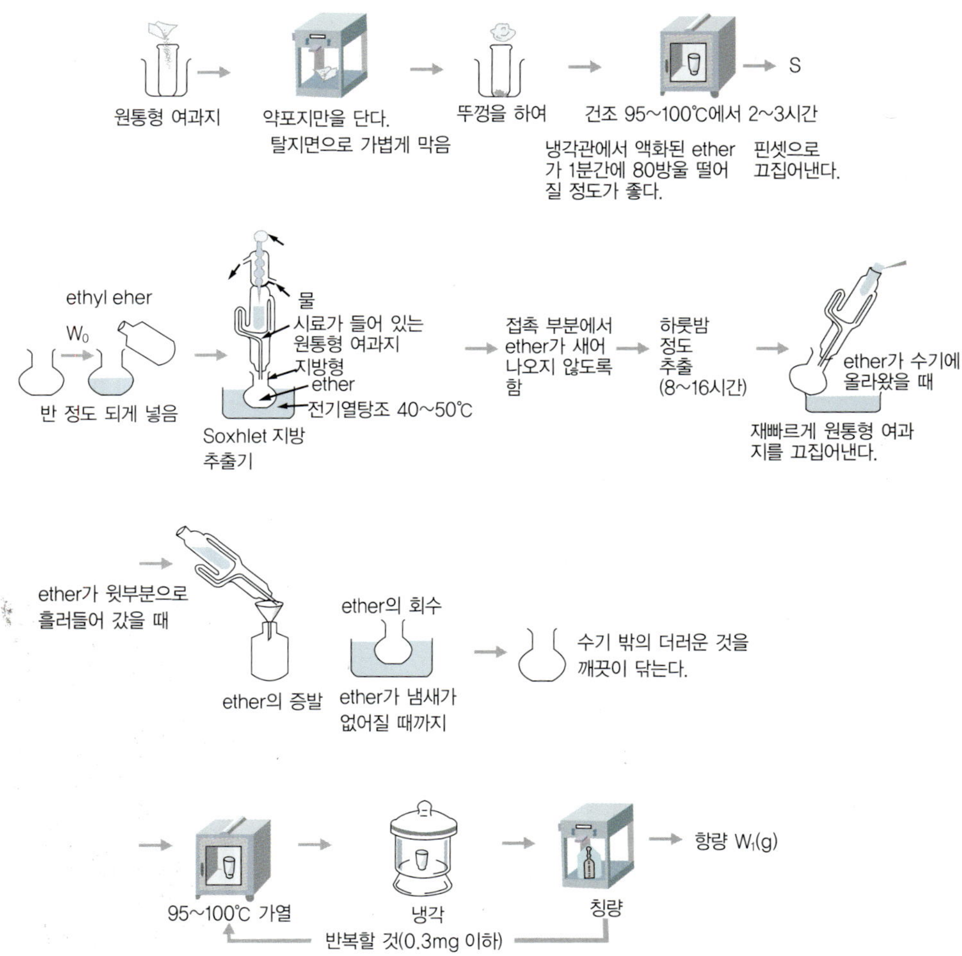

을 일시 중단하고 다시 가열할 때에는 플라스크에 새 사기조각을 넣는다.

⑤ 추출이 끝난 후 플라스크만을 따로 분리하여 에테르를 회수한 다음, 물중탕 위에서 수분간 가열하고 건조기(100℃) 속에서 약 1시간 동안 건조시킨 후 데시케이터 속에서 냉각시킨다(항량값이 될 때까지 반복). $\mathbf{W_1}$

⑥ 추출물이 들어 있는 플라스크의 무게에서 빈 플라스크의 무게를 뺀 값이 추출물의 무게에 해당한다.

(4) 결과 및 계산

$$\text{조지방(\%)} = \frac{W_1 - W_0}{S} \times 100$$

W_0 : 조지방 추출 전 플라스크의 중량(g)
W_1 : 조지방 추출 후 플라스크의 중량(g)
S : 시료 채취량(g)

(5) 고찰

- 조지방

(6) 참고자료

2) 산분해법

(1) 원리

산분해법은 지질이 식품조직 중에 존재하거나 식품성분과 결합한 상태의 시료에 적용하는 방법이다. 즉, 곡류 등 전분입자 속의 지질이나 빵처럼 조직 속에 포함된 지질은 에테르 추출법인 속슬렛 Soxhlet 추출법으로 충분히 지질을 추출하기 어렵다. 산분해법은 곡류, 빵, 생선 및 가공품 등의 시료를 HCl(염산)과 함께 가열하여 가수분해함으로써 지질이 유리상태가 되어 추출을 쉽게 하게 한다. 그러나 산분해법은 인지질이 다량 함유된 식품의 경우, 인지질이 HCl에 의해 지방산과 염기 부분으로 분해되어 지방산만 추출되어 지질 함량이 실제보다 낮게 나타낸다.

(2) 시약과 기구

시료, HCl, 에탄올, 에틸에테르, 드라이오븐 Dry oven, 항온수조 Water bath, 마조니어 Mojonnier 관, 비커 플라스크 Beaker flask, 비커 Beaker, 데시케이터 Desiccator, 유리막대

그림 8-3 | 마조니어관

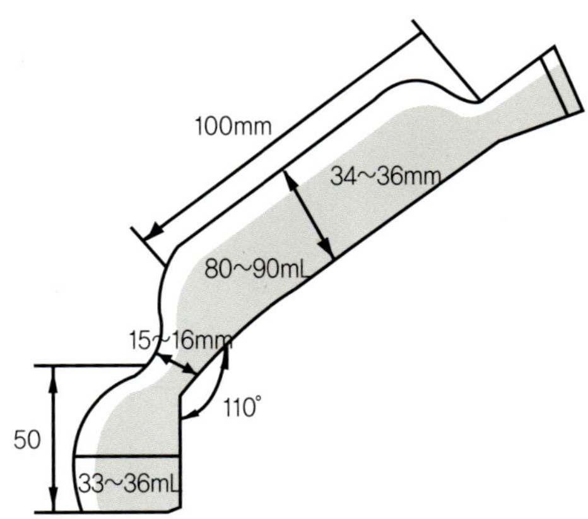

그림 8-4 | 비커 플라스크

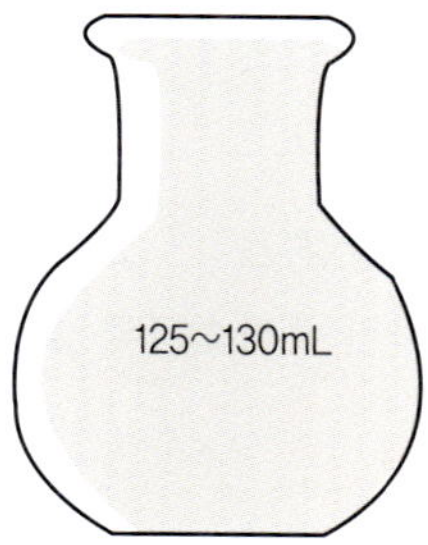

(3) 실험과정

① 시료 1g을 비커에 정확히 칭량하여 취하고 에탄올 2mL를 첨가해서 유리막대으로 잘 혼합한다(에탄올 첨가는 HCl을 가했을 때 건조시료가 응고되는 것을 방지).

② 이어서 비커에 HCl 10mL를 첨가하여 충분히 혼합하고 80℃(항온수조 Water bath)에서 30분간 가온하면서 가끔 저어 혼합한다(분해가 진행됨에 따라 시료 용액은 점차 흑갈색으로 변한다).

③ 실온에서 방랭한 내용물을 마조니어관 mojonnier tube에 옮기고 에탄올 8mL와 에틸에테르 25mL를 가한다.

④ 그다음 마조니어관의 뚜껑을 닫고 세로로 30초 동안 흔들어 혼합한 후, 뚜껑을 열어 에테르 가스를 제거한다.

⑤ 이 과정을 2회 반복한다.

⑥ 가스를 제거하고 뚜껑을 열어둔 채로 1~2분간 정치하면 에테르층과 물층(흑갈색)으로 분리된다.

⑦ 분리가 끝나면 마조니어관을 기울여 상층에 있는 에테르층만을 기울여 깔때기로 분리하여 미리 항량을 구하여 둔 비커 플라스크(**W**)에 붓고 80℃의 수욕상에서 가온하여 에테르 혼합액을 충분히 유지시킨 다음, 비커 플라스크를 100~105℃의 건조기 속에 1시간 동안 건조시킨 후, 항량이 될 때까지

건조 · 방냉 · 칭량을 반복하여 데시케이터에 방랭하여 칭량한다($\mathbf{W_1}$).

(4) 결과

$$조지방\ 함량(\%) = \frac{W_1 - W}{S} \times 100$$

W : 비커 플라스크의 항량(g)

W_1 : 추출 건조후의 비커 플라스크의 중량(g)

S : 시료 채취량(g)

(5) 고찰

- 마조니어관

(6) 참고자료

| 식품(산업)기사 실기 작업형 8 | 조지방 정량

실험 20

1. 칭량 및 추출작업(소요시간 : 60분)

1) 항량 된 삼각플라스크(항량이 되었다고 가정)의 무게를 측정한다.

2) 시료(유지) 5g을 정밀히 달아 마조니어관에 넣고 물 11mL를 가한다.
3) 40~50℃로 가온한 후 혼화한다.
   - 가온 소요시간 단축 시행하고 해당 온도에 도달했다고 가정

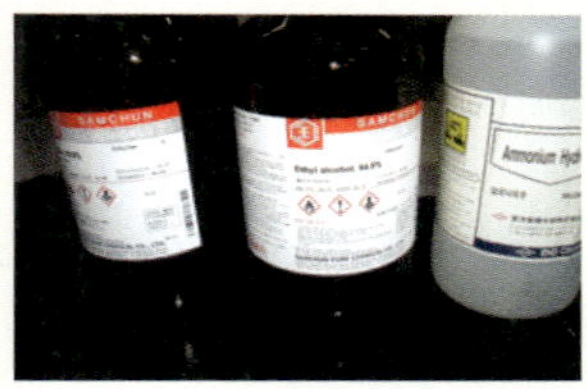

4) 암모니아수 1.5mL를 가하여 섞은 후 알코올 10mL를 가하고 잘 섞는다.
5) 에테르 25mL를 가하고 가볍게 흔들어 혼합한 후 에테르 가스를 제거한다.
   - 가스 제거 소요시간을 단축 시행하고 가스가 제거되었다고 가정

6) 다시 1분간 격렬히 진탕한 후 가스를 제거하고 방치한다.
   - 가스 제거, 방치 소요시간 단축 시행하고 용액이 분리되었다

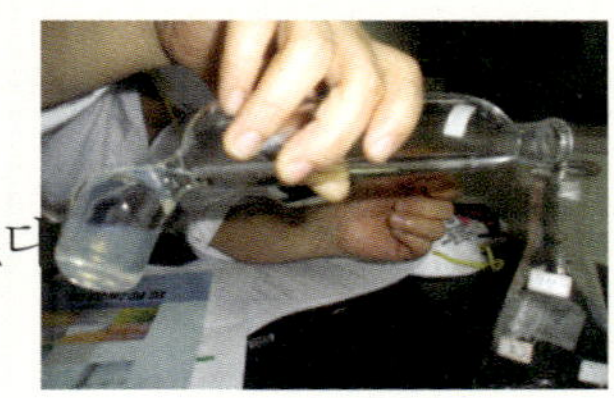

7) 분리된 액을 삼각플라스크로 옮겨 담는다.
   - 분리되었다고 가정하고 **6)**의 용액 중 5mL만 옮긴다.
8) 마조니어관의 남은 액에 에테르와 석유에테르 각 15mL를 가하여 위의 추출

조작을 1회만 실시한다. (반복작업 생략)

9) 사용 용기들을 '에테르 : 석유에테르(1:1)' 혼합액으로 세척하고 세척액을 합친다.

2. 건조 및 항량작업(소요시간 : 20분)

1) 수욕상(75℃)에서 에테르층을 주의하면서 후드상에서 잠깐 날려 보낸다.
   - 용매증발 소요시간 단축 시행하고 에테르가 증발되었다고 가정

2) 건조기에서 항량이 될 때까지 건조한다. (작업 생략)

3. 제시된 실험결과(실기필답 시험답안지)에 따라 조지방 함량(%) 계산(소요시간 : 10분)

모범 작업과정 :

1) 시료 1g을 정밀히 달아 마조니어관에 넣는다.
2) 물을 가하여 11mL로 한다.
3) 40~50℃로 가온한 후 흔들어 완전히 혼화한다.
4) 암모니아수 1.5mL를 가한 후 섞는다.
5) 알코올 10mL를 가하고 뚜껑을 닫고 잘 섞는다.
6) 에테르 25mL를 가하고 뚜껑을 닫고 가볍게 흔들어 혼합한 후 뚜껑을 열어 에테르 가스를 제거한다.
7) 다시 뚜껑을 닫고 1분간 격렬히 진탕한 후 뚜껑을 열고 가스를 제거한다.
8) 상등액이 투명하게 될 때까지 방치시킨 후 상등액을 미리 항량이 된 삼각플라스크로 옮긴다.
9) 마조니어관 내에 남은 액에 에테르 및 석유에테르를 각 15mL 가한다.
10) 마조니어관 및 깔때기를 '에테르 : 석유에테르(1:1)' 혼합액으로 세척하고 세척액은 삼각플라스크에 합친다.
11) 삼각플라스크의 에테르층을 항온수조(75℃)에서 주의하면서 완전히 날린 후 건조기에서 데시케이터에서 식히고 칭량한다.

【계산 작업】

$$조지방(\%) = (W_1 - W_0) / S \times 100$$

W_0 : 항량을 한 빈 삼각플라스크의 무게(g)

W_1 : 조지방을 추출하여 건조시킨 삼각플라스크의 무게(g)

S : 시료의 채취량(g)

【예】 다음의 결과를 이용하여 조지방함량을 계산하세요.

(소수점 셋째 자리에서 반올림하여 둘째 자리까지 계산하세요.)

측정항목	측정값(g)	
항량 된 삼각플라스크 무게	85.4567	조지방 (%) = (85.5789 − 85.4567) /1.2345) × 100 = 9.8987 ≒ 9.90%
시료무게	1.2345	
항량 된 시료와 삼각플라스크 무게	85.5789	

2. 지질의 물리적 시험법

1) 비중

(1) 원리

지질의 비중은 그 지질을 구성하는 지방산에 영향받으며, 분자량이 적을수록 불포화지방산을 많이 함유할수록 커지므로 지질의 종류, 건성유 · 불건성유의 판별, 정제도 등의 판정지표들 중 하나로 활용된다. 천연유지의 비중은 25℃에서 0.91~0.95의 범위에 있다.

(2) 방법

① 온도계가 부착된 비중병을 중크롬산 용액으로 충분히 세척하고 건조시켜 그 무게를 측정한다(**W**).

② 비중병의 마개와 뚜껑을 빼고 시료를 넣은 후 25℃보다 1~3℃ 정도 낮추고 거품이 남지 않도록 마개를 막는다.

③ 항온수조에서 천천히 온도를 올려 온도계가 25℃를 나타낼 때(30분 이상) 넘쳐 나오는 시료를 제거하고 바깥면을 마른 거즈로 잘 닦아내고 말린 다음 그 무게를 측정한다($\mathbf{W_1}$).

④ 시료 대신 증류수를 비중병에 넣고 동일한 실험을 수행한 뒤 그 무게를 측정한다($\mathbf{W_2}$) 그림 7-5.

그림 8-5 | 비중병

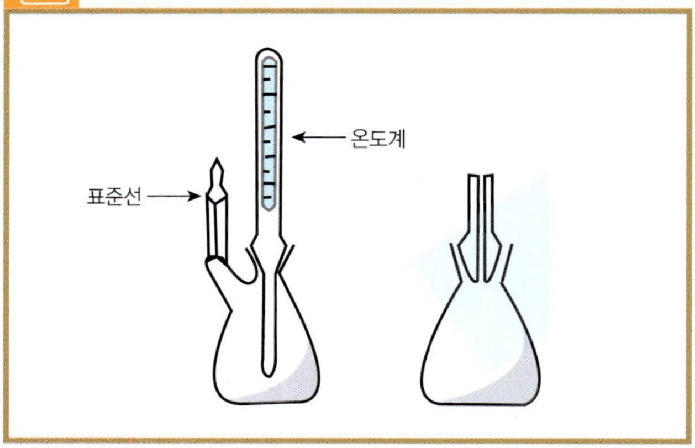

(3) 계산

$$\text{비중(d)} = \frac{W_1 - W}{W_2 - W}$$

3. 지질의 화학적 시험법

실험 21

1) 산가 Acid value

(1) 실험원리

유지는 오랫동안 저장하는 동안에 공기 중의 산소와 미생물의 작용을 받아 산패하게 된다. 이때 불포화지방산의 이중결합에 산소가 첨가되어 과산화물이 생성되며 이것이 분해하여 탄소수가 적은 유리지방산이 생성된다. 유지 속에 포함되어 있는 유리지방산의 양은 유지의 품질과 신선도를 나타내는 기준이 된다. 산가 acid value란 유지 1g 중에 들어 있는 유리지방산을 중화시키는 데 필요한 KOH의 mg수이다.

$$RCOOH + KOH \rightarrow RCOOK + H_2O$$

정제된 식용유의 산가는 보통 1.0 이하이다.

(2) 시약과 기구

- 시료 : 식용유, 버터, 마가린
- 유지 용매 : 95% 에탄올과 에테르를 '1:1'로 혼합한 용액
- 페놀프탈레인의 1% 에탄올 용액
- 0.1N KOH(수산화칼륨, 분자량 56.11, 특급시약)
- 안식향산benzoic acid(분자량 122.13)
- 뷰렛과 뷰렛스탠드
- 삼각플라스크
- 스포이트
- 저울

【0.1N KOH ethanol 용액 조제 및 표정】

원리 : 0.1N KOH 용액 1,000mL 중에는 KOH(분자량 56.1g) 5.61g을 함유한다.

조제 : KOH 5.6g을 5mL의 증류수에 용해시키고 95% 에탄올을 채워 1000mL로 정용한다.

표정 :

① 100mL 삼각플라스크에 안식향산(C_6H_5COOH, M.W: 122.13)을 0.2~0.3g을 정확히 취한다. (**a**)

② ①에 ether : ethanol(1:1) 혼합액 10mL를 넣고 P.P. 용액을 2~3방울 가한다.

③ 뷰렛에 0.1N KOH-ethanol 용액을 넣고 적정하여 분홍색이 1분간 지속될 때를 종말점으로 한다.

【결과 계산】

$$0.1N\ KOH\text{-}ethanol의\ factor = \frac{안식향산\ 채취량(a)}{122 \times 0.1N\ KOH의\ 적정\quad(mL)} \times 10,000$$

(3) 실험방법

① 시료 20g을 100mL의 유기용매(EtOH : Eter=1 : 1)에 완전히 녹이고 1% 페놀프탈레인에 용액 1mL를 가하여 잘 섞은 후 0.1N KOH로 적정한다.

② 용액의 분홍색(미홍색)이 30초간 지속될 때를 종말점으로 한다.

③ 동시에 시료만 가하지 않은 조건에서 동일한 방법으로 공시험을 한다.

산 가	0~5	5~15	15~30	30~100	100 이상
시료 채취량(g)	20	10	5	2.5	1.0

산가 측정 시 시료 채취량

그림 8-6 | 산가 측정

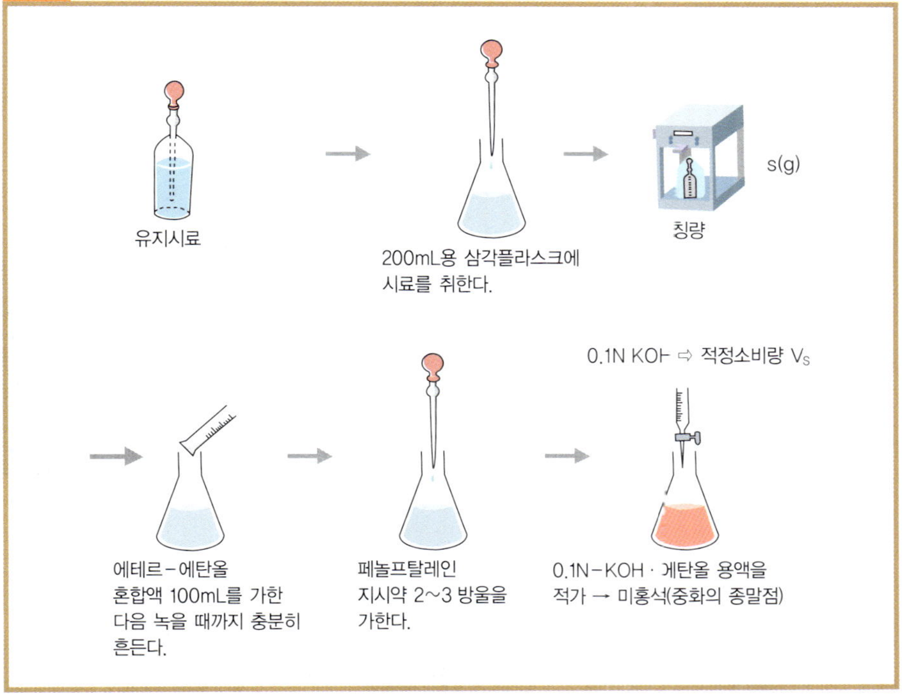

(4) 결과 및 계산

$$산가 = \frac{(V_S - V_B) \times 5.611 \times F}{S}$$

V_S : 본시험의 0.1N KOH 용액의 적정 소비량(mL)

V_B : 공시험의 0.1N KOH 용액의 적정 소비량(mL)

F : 0.1N KOH 용액의 역가

S : 시료 채취량(g)

(5) 고찰

• 산가

(6) 참고자료

식품(산업)기사 실기 작업형 9 | 산가

실험 22

1. 시료의 칭량 및 전처리 작업

1) 유지 시료 5g을 정밀히 취하여 삼각플라스크에 취한다.

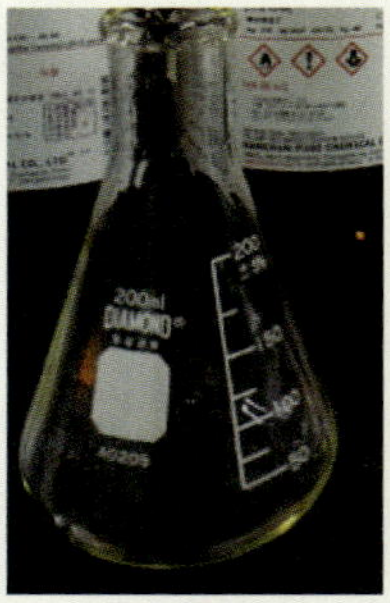

2) 에탄올:에테르(1:2) 혼합용액 100mL를 넣어 유지를 녹인다.

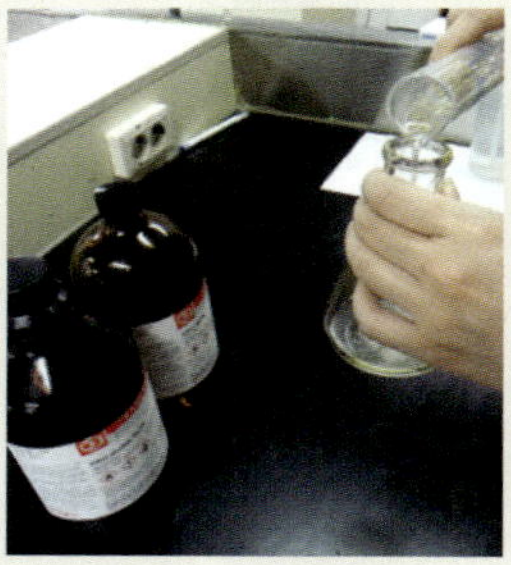

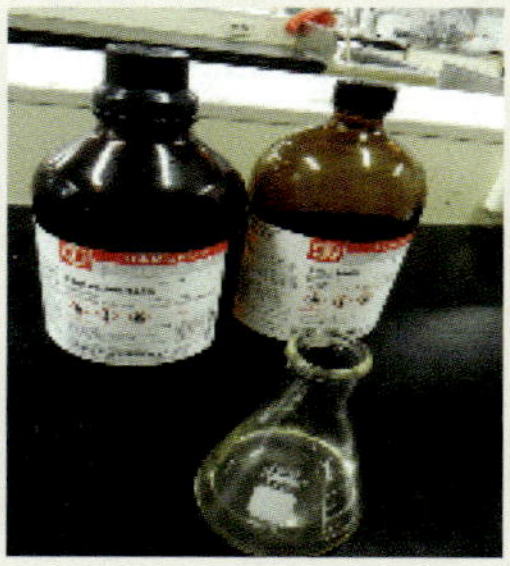

2. 적정 작업

1) 페놀프탈레인 지시약을 가한다.

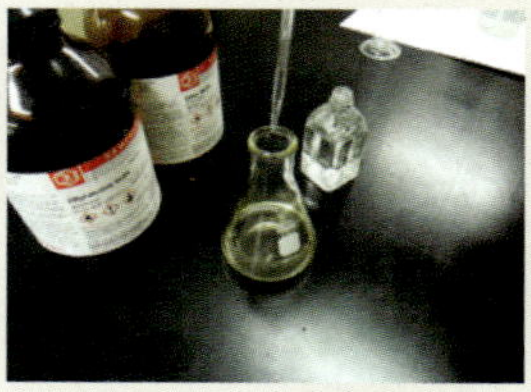

2) 0.1N 에탄올성 수산화칼륨(KOH-95% ethanol) 용액으로 적정 작업을 한다.

(미홍색이 30초가량 지속되는 점을 종말점으로 한다)

* 공시험을 행한다.

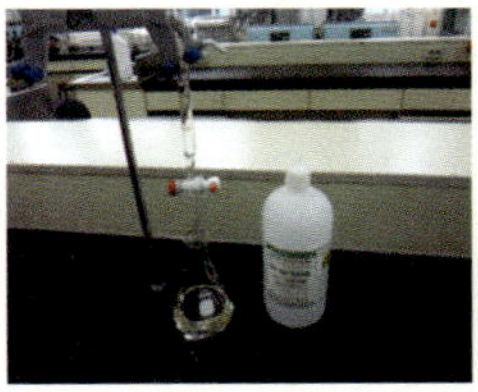   

3. 시험 결과에 따른 산가의 계산 작업

모범 작업과정 :

1) 시료 5g을 정밀히 달아서 삼각플라스크에 취한다(**s**).
2) 에탄올:에테르(1:2) 혼합용액 100mL를 넣어 유지를 녹인다.
3) 페놀프탈레인 지시약을 2~3 방울 가한다.
4) 0.1N 에탄올성 수산화칼륨 용액으로 엷은 분홍색이 30초가 지속될 때까지 적정 작업을 한다(**a**).
5) 같은 방법으로 공시험을 한다(**b**).

【계산 작업】

산가 = 5.611 × (a − b) × F / S

a : 본시험의 0.1N 에탄올성 수산화칼륨 용액 소비량(mL)
b : 공시험의 0.1N 에탄올성 수산화칼륨 용액 소비량(mL)
F : 0.1N 에탄올성 수산화칼륨 용액 역가
S : 시료의 채취량(g)

【예】 다음의 결과를 이용하여 산가를 계산하세요.
(소수점 넷째 자리까지 계산하세요.)

측정항목	측정값(g)	
시료의 채취량(g)	6.5432	산가 = (5.611×(0.75−0.25) ×1.020)/6.5432 = 0.4373
본시험의 0.1N 에탄올성 KOH 사용량(mL)	0.75	
공시험의 0.1N 에탄올성 KOH 사용량(mL)	0.25	
0.1N 에탄올성 KOH의 역가	1.020	

2) 과산화물가 Peroxide value

(1) 원리

과산화물가 peroxide value란 유지 시료 1kg에 함유된 과산화물의 mg당량수이다. 유지가 산화할 경우 처음에 이중결합에 산소분자가 부가하여 과산화물을 만든다. 과산화물가는 유지의 초기 단계에서 산패 정도를 나타내는 척도가 되는데, 이 값이 높을수록 유지의 산패가 진행된 것이며 식품으로서 부적당한 것이다.

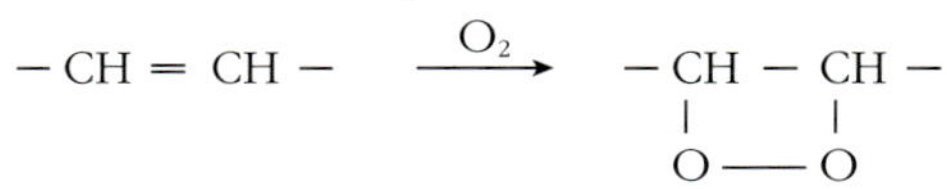

시료에 KI를 가하면 산화물이 KI와 반응하여 I_2가 유리되고 그 I_2의 양을 $Na_2S_2O_3$ 용액으로 적정하여 측정한다.

$$R\text{-}OOH + 2H^+ + 2KI \rightarrow R\text{-}OH + I_2 + H_2O$$

$$I_2 + 2Na_2S_2O_3 \rightarrow Na_4S_4O_6 + 2NaI$$

일반적으로 식물성 유지의 경우에는 과산화물가가 60~100meq/kg, 동물성 유지의 경우에는 20~40meq/kg에 도달하는 시기를 산패 발생시기로 간주한다.

(2) 시약과 기구

- 시료
- 빙초산
- 클로로포름 chloroform
- KI(요오드화칼륨, 분자량 166.0, 특급시약)로 포화용액 : KI 70g을 증류수 50mL에 녹인 용액
- 1% 녹말 용액(가용성 녹말의 1% 수용액)
- 0.01N $Na_2S_2O_3$(티오황산나트륨, 분자량 158.1, 특급시약) : $Na_2S_2O_3$ 2.58g을 증류수에 녹여 최종 부피가 1L인 용액

(3) 실험과정

① 시료 1g을 삼각플라스크에 넣고 여기에 클로로포름 10mL를 가하여 녹인다(이때 용액은 완전히 투명한 상태가 된다).

② 이것에 빙초산 15mL를 가하고 KI 포화용액 1mL을 가하여 마개를 하고 1분 동안 격렬하게 진탕한 다음 5분 정도 어두운 곳에서 방치한다.

③ 여기에 증류수 75mL를 가하여 마개를 하고 다시 격렬하게 진탕한 후 1% 녹말 용액 1mL를 지시약으로 하여 0.01N $Na_2S_2O_3$ 용액으로 적정한다.

④ 용액의 청남색이 완전히 무색으로 될 때를 종말점으로 한다.

⑤ 동시에 시료를 가하지 않고 동일한 방법으로 바탕시험을 실시한다.

과산화물가	1 이상	1~10	10~50	50 이상
시료 채취량(g)	10	10~ 5	5~ 1	1.0~ 0.5

(4) 계산

$$\text{과산화물가(meq/kg)} = \frac{(V_S - V_B) \times F \times 0.01}{S} \times 1000$$

VS : 본시험의 0.01N $Na_2S_2O_3$ 용액의 적정 소비량(mL)

VB : 공시험의 0.01N $Na_2S_2O_3$ 용액의 적정 소비량(mL)

F : 0.01N $Na_2S_2O_3$ 용액의 역가

S : 시료 채취량(g)

1N $Na_2S_2O_3$ 용액 1mL ≡ 과산화물 1meq

0.01N $Na_2S_2O_3$ 용액 1mL ≡ 과산화물 0.01meq

그림 8-7 | 과산화물가 측정

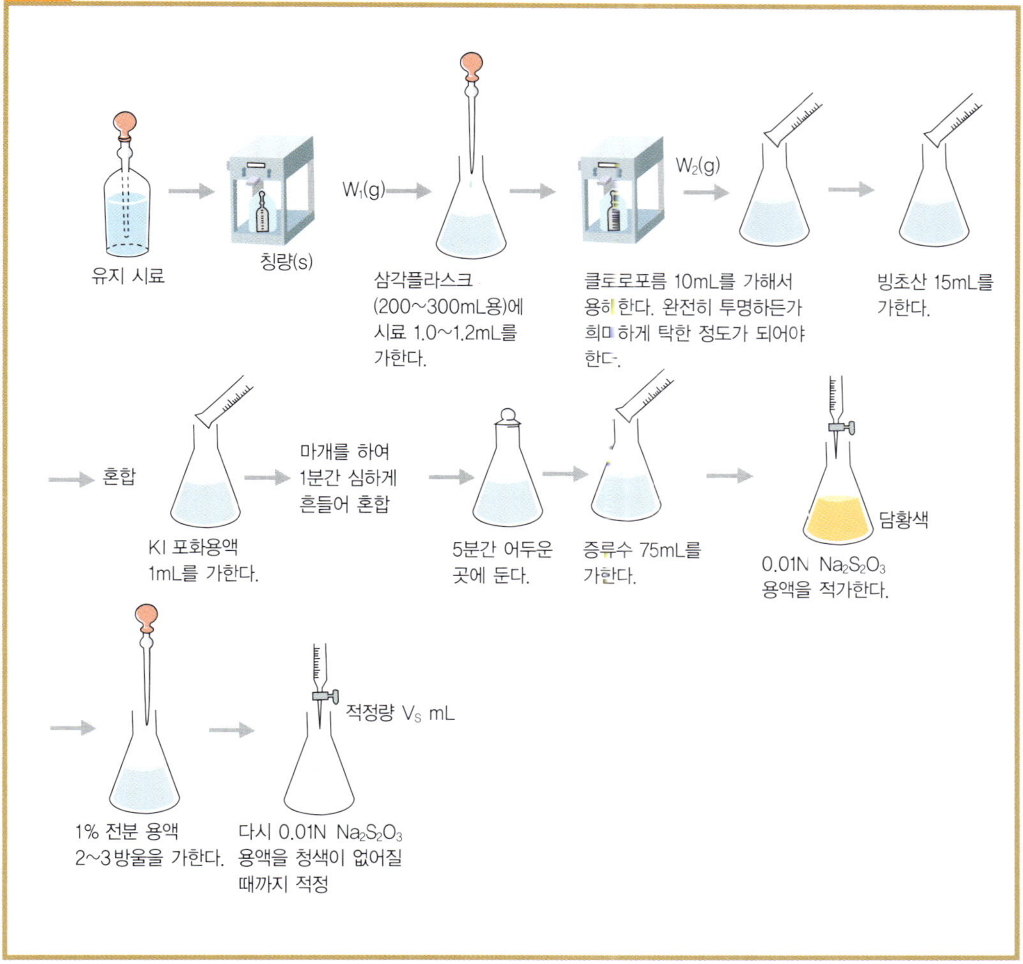

식품(산업)기사 실기 작업형 10 | 과산화물가

실험 23

1. 시료의 측정 및 전처리 작업

1) 시료 1~5g을 정밀히 취하여 삼각플라스크에 취한다.
2) 초산:클로로포름(3:2) 혼합용액 25mL를 넣어 유지를 녹인다.
3) 포화 요오드화칼륨 용액 1mL를 넣고 어두운 곳에서 10분간 방치한다.

2. 적정 작업

1) 물 30mL와 전분 시약 1mL를 가한다.
2) 0.01N 티오황산나트륨 용액으로 적정 작업을 한다(청남색 소실점을 종말점으로 한다)

   * 공시험을 행한다.

3. 시험 결과에 따른 과산화물가의 계산 작업

모범 작업과정 :

1) 시료 2g을 삼각플라스크에 취한다.
2) 초산:클로로포름(3:2) 혼합용액 25mL를 넣어 유지를 녹인다.
3) 포화 요오드화칼륨 용액 1mL를 넣고 흔들어 섞은 후 어두운 곳에서 10분간 방치한다.
4) 물 30mL와 전분 시약 1mL를 가한다.
5) 0.01N 티오황산나트륨 용액으로 무색이 될 때까지 적정 작업을 한다.
6) 따로 같은 방법으로 공시험을 한다.

【계산 작업】

과산화물가(meq/kg) = [(a − b) × 10 × F] / S

a : 본시험의 0.01 N 티오황산나트륨 용액 소비량(mL)

b : 공시험의 0.01 N 티오황산나트륨 용액 소비량(mL)

F : 0.01 N 티오황산나트륨 용액 역가

S : 시료의 채취량(g)

【예】 다음의 결과를 이용하여 과산화물가를 계산하세요.

(소수점 셋째 자리에서 반올림하여 둘째 자리까지 계산하세요.)

측정항목	측정값(g)	
시료의 채취량(g)	0.6543	과산화물가 = (19.75 − 0.25) × 10 × 1.020) / 0.6543 = 303.9889 = 303.99
본시험의 0.01N 티오황산나트륨 사용량(mL)	19.75	
공시험의 0.01N 티오황산나트륨 사용량(mL)	0.25	
0.01N 티오황산나트륨의 역가	1.020	

실험 24

3) 비누화가 Saponification value

(1) 원리

비누화가 saponification value란 유지 1g이 완전히 가수분해되었을 때 유리되는 지방산을 중화시키는 데 필요한 KOH의 mg 수이다. 유지의 지방산 성분의 탄소수가 많을수록 유지 1g 중에 들어 있는 지방산의 분자수는 적기 때문에 비누화가는 유지의 지방산 조성을 비교하는 척도로 이용된다. 즉, 비누화가는 유지의 구성 지방산의 분자량에 반비례하므로 저급 지방산 함량이 많은 유지는 비누화가가 크며, 고급 지방산 함량이 많은 유지는 비누화가 작다. 보통 유지의 비누화가는 180~200 정도이다.

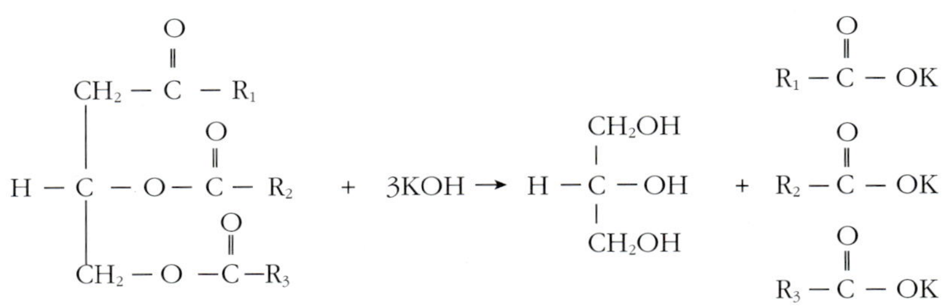

(2) 시약과 기구

- 시료 : 유지(트리스테아린 tristearin, 면실유, 라드 lard, 버터)
- 유지 용매 : 95% 에탄올과 에테르를 동량의 부피로 혼합한 용액
- 0.5N KOH · 에탄올 용액 : 32g의 KOH를 95% 에탄올에 용해하여 1L로 정용한 용액
- 환류냉각기
- 삼각플라스크
- 스포이트
- 1% 페놀프탈레인
- 0.5N HCl(염산, 분자량 36.5, 특급시약)

• 뷰렛
• 항온수조 water bath

(3) 실험방법

① 유지 1g을 3mL의 유지 용매에 녹여 삼각플라스크에 옮긴다.
② 0.5N KOH · 에탄올 용액 25mL를 가한 후 환류냉각기를 연결한 항온수조에서 30분 동안 가열한 다음 냉각한다.
③ 냉각한다.
④ 페놀프탈레인 용액을 지시약으로 하여 0.5N HCl로 적정하여 미홍색이 없어지는 점을 종말점으로 한다. 시료만 가하지 않은 공시험을 본시험과 동일한 조건으로 한다.

그림 8-8 | 비누화가 측정

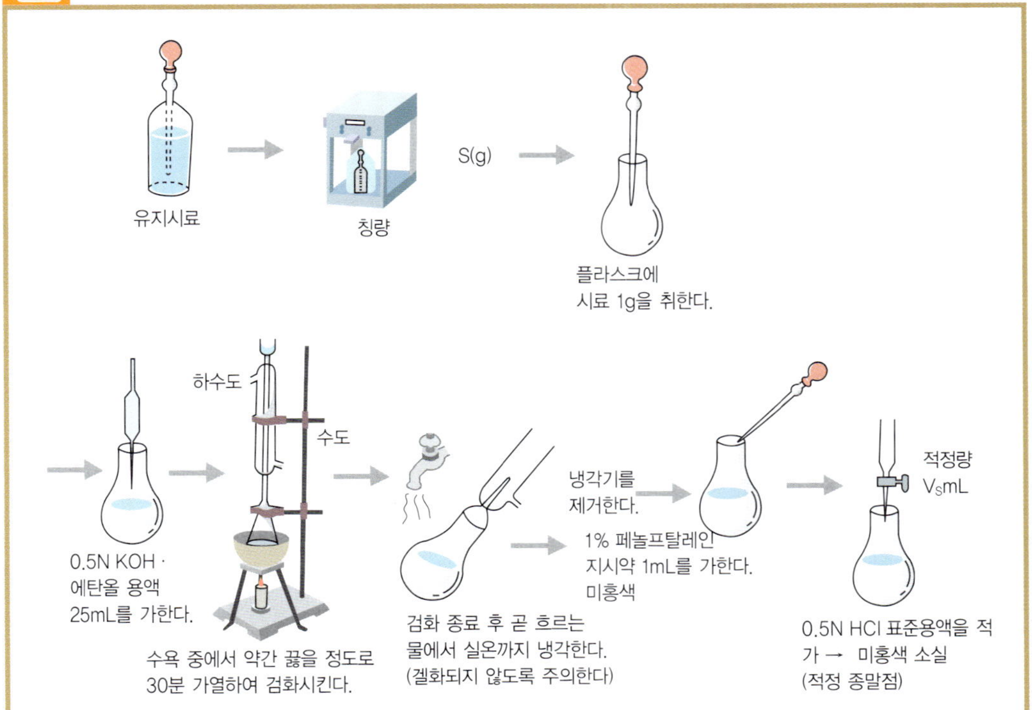

(4) 계산

$$비누화가 = \frac{(V_B - V_S) \times 28.05 \times F}{S}$$

V_S : 본시험의 0.5N HCl 용액의 적정 소비량(mL)
V_B : 공시험의 0.5N HCl 용액의 적정 소비량(mL)
F : 0.5N HCl 용액의 역가
S : 시료 채취량(g)

(5) 고찰

- 과산화물

(6) 참고자료

실험 25

4) 요오드가 Iodine value

(1) 실험원리

요오드 iodine나 브롬 bromine은 유지의 불포화지방산의 이중결합에 첨가된다. 요오드가 iodine value란 유지 100g에 첨가되는 요오드의 g수이다. 이 값은 유지의 불포화도를 비교하는 기준이 된다. 요오드가는 유지를 구성하는 지방산의 불포화도에 비례하므로, 요오드가가 높은 유지일수록 유지 중에 불포화지방산을 많이 함유한 것이다. 요오드가의 측정은 일정량의 유지를 과량의 브롬과 반응시키고 남은 브롬을 정량하여 요오드의 해당량을 계산한다(브롬 대신 일염화요오드 ICl를 사용하기도 한다). 브롬의 첨가반응이 끝난 다음, KI를 넣고 유리되는 요오드를 $Na_2S_2O_3$ 용액으로 적정한다. 할로겐은 햇빛에 의해 산화되기 때문에 여분의 브롬(일염화요오드)을 포함하는 플라스크가 햇빛을 쐬지 않게 주의하고 되도록 빨리 적정한다. 일반적으로 요오드가 130 이상의 유지를 건성유, 100~130을 반건성유, 100 이하를 불건성유로 구별한다.

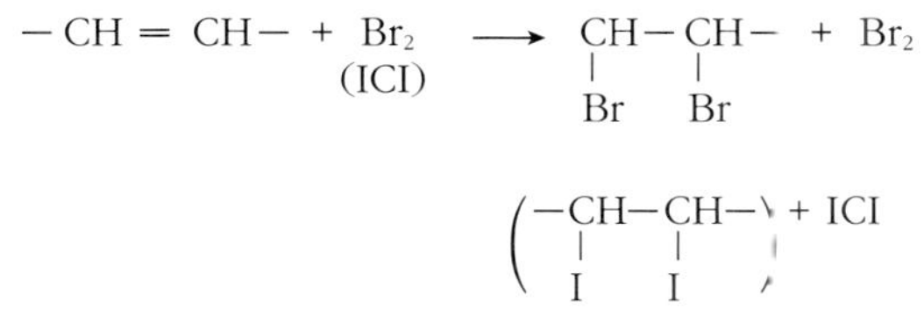

$Br_2 + 2KI \rightarrow 2KBr + I_2$

$(ICl + KI \rightarrow KCl + I_2)$

$I_2 + 2Na_2S_2O_3 \rightarrow 2NaI + Na_2S_4O_6$

(2) 시약과 기구

- 시료 : 올리브유, 면실유, 라드, 버터(2% 클로로포름 용액)
- 브롬(2.5% 클로로포름 용액)
- 1M KI(요오드화칼륨, 분자량 166.0, 특급시약)
- 0.1N $Na2S_2O_3$(티오황산나트륨, 분자량 158.1, 특급시약)
- 녹말 지시약 : 가용성 녹말의 1% 수용액
- 뷰렛
- 피펫
- 삼각플라스크
- 코르크마개

(3) 실험방법

① 0.5g의 유지 시료를 삼각플라스크에 넣고 2%의 클로로포름 용액을 만든 다음, 피펫으로 10mL의 브롬 용액을 가한다(브롬 기체는 유독하므로 피펫을 입으로 빨지 말 것).

② 플라스크에 코르크마개를 막고 상온에서 20분 동안 방치한 후, 1M KI 용액 10mL를 넣고 0.1N $Na_2S_2O_3$로 적정한다.

③ 적정의 종말점을 확실히 알기 위해 유리 요오드로 생긴 연한 노란색을 띤 용액에 녹말 지시약 용액 1~2방울을 넣고 푸른색이 없어질 때까지 적정을 계속한다.

④ 녹말의 청남색이 소실되는 점을 종말점으로 한다.

⑤ 본시험과 병행하여 시료를 가하지 않고 바탕시험을 실시한다.

그림 8-9 | 요오드가 측정

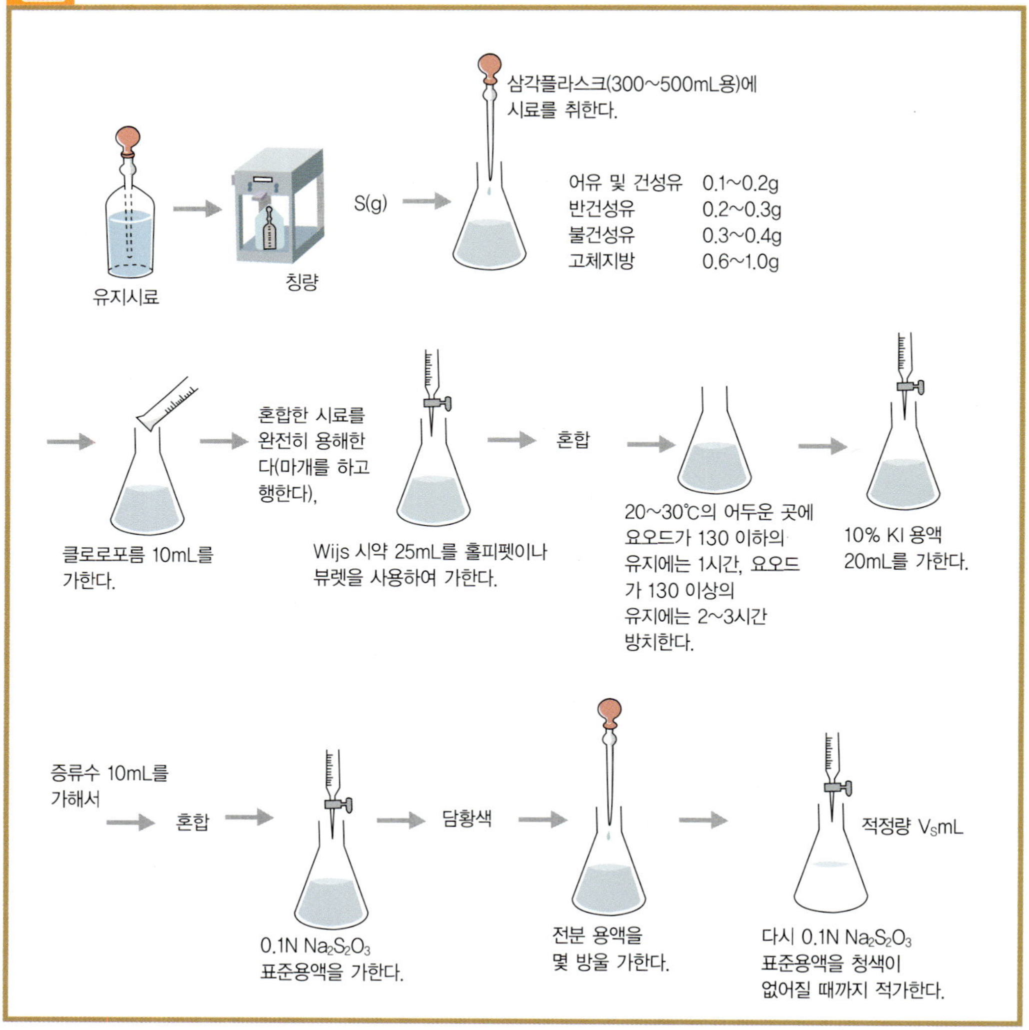

(4) 결과 및 계산

$$요오드가 = \frac{(V_B - V_S) \times 0.01269 \times F}{S} \times 100$$

V_B : 공시험의 0.1N $Na_2S_2O_3$ 용액의 적정 소비량(mL)

V_S : 본시험의 0.1N $Na_2S_2O_3$ 용액의 적정 소비량(mL)

F : 0.1N $Na_2S_2O_3$ 용액의 역가

S : 시료 채취량(g)

0.01269 : 0.1N $Na_2S_2O_3$ 용액 1mL에 상당하는 I_2의 양(g)

(5) 고찰

- 불포화지방산
- 요오드가

(6) 참고자료

CHAPTER 9

비타민 C 정량

1. 히드라진 Hydrazine 비색법

1) 원리

비타민 C는 인체에 필요한 비타민 중 하나로 아스코르브산 ascorbic acid이라고도 불린다. 비타민 C는 산화환원반응으로 인하여 항산화제 또는 식품의 보존제 및 안정제 등 중요한 첨가제의 하나로 알려져 있다. 비타민 C의 정량법은 환원형의 아스코르브산과 산화형의 디히드로아스코르브산 dehydroascorbic acid의 총량을 동시에 측정하는 방법으로 히드라진 hydrazine 비색법과 형광법이 있다. 히드라진 비색법에서 비타민 C를 적당한 산화제로 디히드로아스코르브산으로 전환시키면 이 산화형 비타민 C는 디니트로페닐히드라진 DNP, dinitrophenylhydrazine과 작용하여 적색의 오사존 osazone을 형성한다.

이 오사존에 황산을 가하여 탈수시키면 적색의 부수물인 bis-2,4-DNP로 전환되어 안정한 정색반응을 나타내며, 이것을 520nm에서 흡광도를 측정한다. 시료 중의 비타민 C를 산화시키지 않고 측정하면 이 차이에 의해 산화형과 환원형의 비타민 C의 함량을 측정할 수 있다.

2) 시약과 기구

- 시료
- 0.2% 인도페놀 용액 : 2,4-디클로로페놀인도페놀 2,4-dichlorophenolindophenol을 더운물에 녹여 거른다(냉장보관).
- 티오우레아 인산 Thiourea phosphate용액 : 티오우레아 thiourea 2g을 2% 메타인산(HPO_3) 50mL에 녹인 후 증류수로 100mL이 되게 한다(사용 직전 만들 것).
- 5% 인산용액
- 85% 황산
- DNP 용액 : 2,4-2,4-디니트로페놀 dinitrophenol 2g을 9N H_2SO_4 100mL에 녹여 거른 후, 냉암소에 보관한다(2주 정도 사용 가능).
- 비타민 C 표준용액 : 비타민 C 100mg을 2% HPO_3에 녹여 100mL로 만든

후 이 용액의 0.25, 0.5, 1.0, 1.5, 2.0 및 2.5mL를 각각 2% HPO_3로 100mL가 되게 한다.

- Clark의 인산염 완충용액(pH 7.0) : 0.2M KH_2PO_4 5mL에 0.2N NaOH 29.6mL를 섞는다.
- 분광광도계

3) 방법

(1) 시료용액의 제조

① 시료 1~10g에 5배 부피의 5% 인산용액을 가하고 실리카 silica를 넣어 마쇄 후 감압 여과시킨다.

② 찌꺼기를 소량의 증류수로 세척하여 여과액과 세척액을 합쳐서 2% 인산을 함유한 추출용액을 만든다.

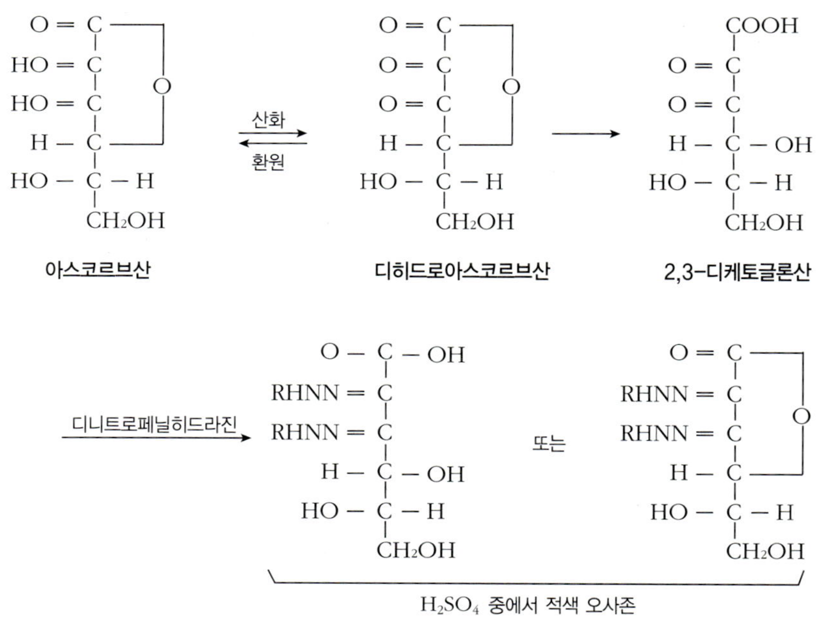

(2) 산화

① 시험관 A, B 및 C에 각각 시료용액 2mL를 넣고, 각각 총 비타민 C 분석용, 산화형 비타민 C 분석용 그리고 바탕시험용으로 한다.

② A에 0.2% 인도페놀 용액 1방울을 가하여 홍색으로 되면 3개의 시험관에 각각 티오우레아 인산용액 2mL씩을 가한다.

(3) 오사존의 생성

① A와 B에 DNP 용액 1mL씩을 가하고 37℃에서 3시간 동안 방치한 후 C와 함께 얼음으로 냉각시키면서 3개의 시험관에 각각 85% 황산용액 5mL를 조심스럽게 첨가하고 혼합한다.

② C에 DNP 용액 1mL를 가하고 3개의 시험관 모드 실온에서 30~40분 동안 방치시킨다.

(4) 흡광도 측정

① 비타민 C 표준용액에 대해서 위와 동일한 방법으로 처리하여 520nm에서 흡광도를 측정하여 표준곡선을 만든다.

② 시료용액의 경우, C를 바탕시험(대조시험)용액으로 하여 A와 B의 흡광도를 측정한다.

4) 계산

$$\text{총 비타민 C 함량(mg\%)} = C_1 \times \frac{V}{2 \times S} \times 100$$

$$\text{산화형 디히드로아스코르브산 함량(mg\%)} = C_2 \times \frac{V}{2 \times S} \times 100$$

$$\text{아스코르브산 함량(mg\%)} = \text{총 비타민 C 함량(mg\%)} - \text{산화형 디히드로아스코르브산 함량(mg\%)}$$

C_1 : 표준곡선의 비타민 C의 양(mg, 총 비타민 C의 경우)

C_2 : 표준곡선의 비타민 C의 양(mg, 산화형 비타민 C의 경우)

V : 시료용액 총 부피(mL)

S : 시료 채취량(g)

2. 인도페놀 Indophenol 적정법

1) 원리

비타민 C는 알칼리로 쉽게 산화되며 금속이온이 촉매작용을 하므로 분석공정은 낮은 pH 또는 킬레이트제의 존재하에 실행한다. 인도페놀 적정법에서는 아스코르브산이 색소인 2,6-디클로르페놀인도페놀 2,6-Dichlorophenolindophenol에 의해 산화되어 디히드로아스코르브산으로, 색소는 환원되어 무색으로 된다. 이 색소 용액에 비타민 C 액을 적정하여 용액의 적색이 소실되는 점을 종말점으로 하고, 색소의 적정부피로부터 비타민 C의 함량을 구할 수 있다. 색소는 중성에서 청색이나, 산성에서는 적색이 된다.

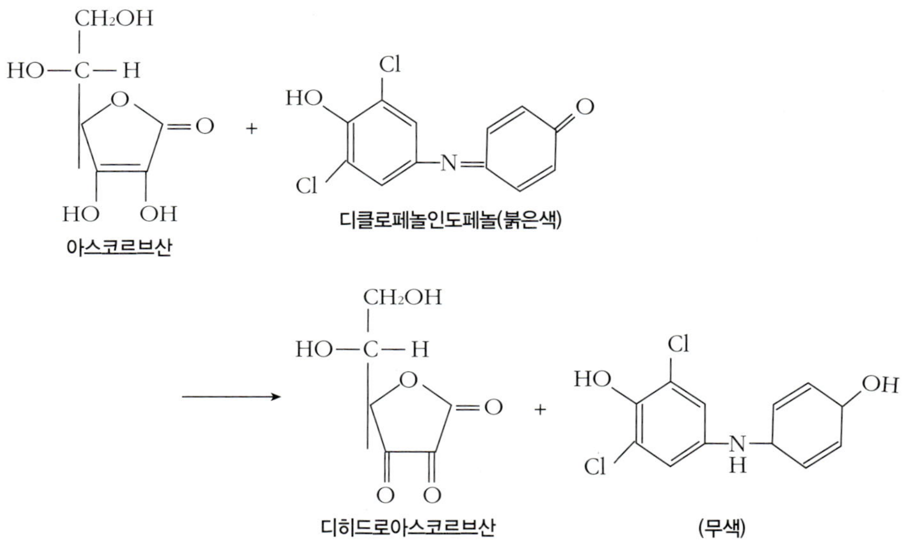

2) 시약과 기구

- 시료
- 2,6-디클로로페놀인도페놀 2,6-Dichlorophenolindophenol 용액 : 2,6-디클로르페놀인도페놀 0.1g을 증류수 195mL에 용해시킨 후 클라크clark의 인산염 용

액(pH 7.0) 5mL를 가해 섞어 갈색병에 보관한다(1주일 정도 사용 가능).

- 1% 옥살산
- 아스코르브산 용액 : 아스코르브산의 농도가 0.5mg/mL가 되게 1% 옥살산 용액에 녹인다.
- 막자사발

3) 방법

(1) 시료용액의 제조

① 과일 : 과일을 압착하여 과즙을 만들고 가제로 거르고 이 거른 액 5mL(5g)을 1% 옥살산으로 희석하여 50mL로 만든다.

② 야채류 : 5g의 야채를 1% 옥살산 용액 10~15mL와 함께 막자사발에 넣고 파쇄한 후 여과한다. 찌꺼기에 10~15mL의 1% 옥살산 용액을 가해 여과한 후 여과액을 더하고 증류수를 추가하여 50mL로 만든다.

③ 열처리 시료용액 : 야채류 5g을 증류수와 함께 비커에 넣고 살짝 가열한다. 가열한 야채에 1% 옥살산 용액을 소량 가하여 파쇄하고 파쇄액을 여과하여 50mL로 만든다.

(2) 적정

① 색소 표준용액 : 2,6-디클로로페놀인도페놀 용액 2mL를 아스코르브산 용액으로 적정하여 색소 용액 1mL에 의해 산화되는 아스코르브산의 mg 수를 정하며, 색소의 붉은색이 소실될 때를 종말점으로 한다.

② 시료용액 : 2mL의 색소 용액을 비커에 넣고 각 시료용액으로 적정한다.

③ 색소 표준용액의 적정에서 얻은 값과 비교하여 시료용액 속의 아스코르브산 함량을 구한다.

4) 계산

$$\text{아스코르브산 함량(mg/g)} = \frac{A \times B}{C \times D}$$

A : 색소의 사용부피(mL)

B : 색소 1mL에 의해 산화된 아스코르브산의 양(mg)

C : 시료용액의 적정부피(mL)

D : 희석배수(시료용액 1mL에 해당하는 시료량, g)

CHAPTER **10**

기타 실험

1. 당도 시험

식품(산업)기사 실기 작업형 11 | 당도 시험

실험 26

1. 시료의 당도 측정작업(소요시간 20분)

1) 시료를 당도계에 도포한다.

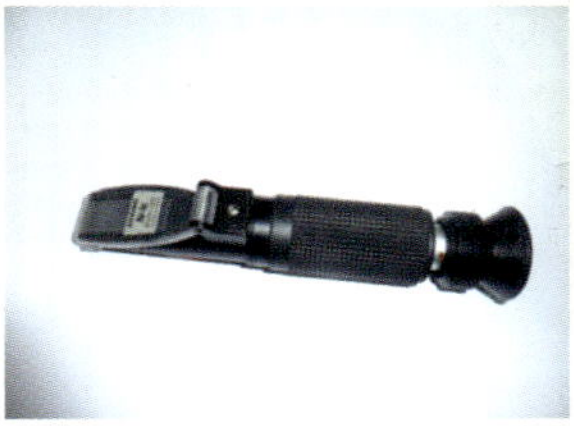
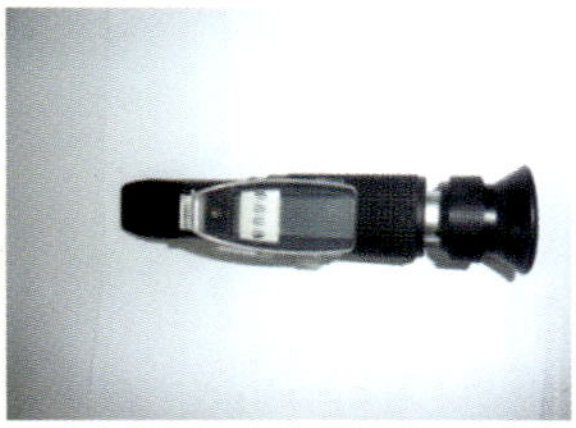
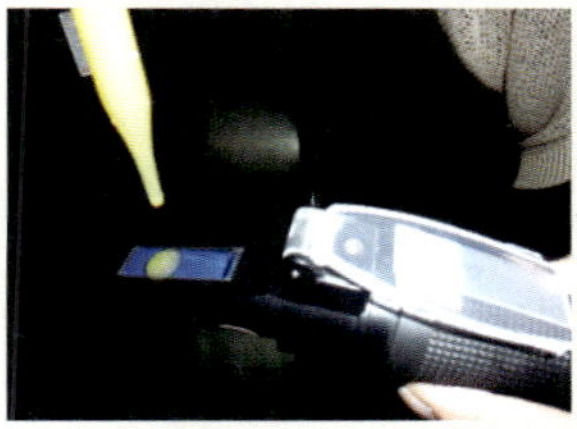

2) 당도를 측정한다.

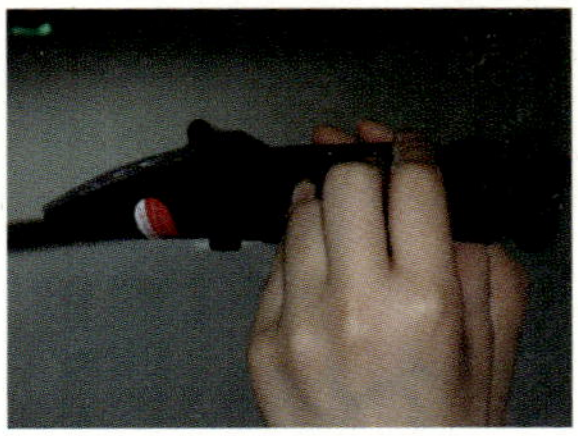

모범 작업과정 :

1) 당도계에 오렌지주스를 2~3방울 담도계 글라스에 떨어뜨린다.
2) 닫은 후 살짝 눌러 밀어서 시료와 공간이 없도록 한다.
3) 당도를 측정한다.

2. 내용량 측정

식품(산업)기사 12 실기 작업형 | 내용량 측정

실험 27

1. 칭량작업(소요시간 10분)

1) 내용물이 들어 있는 용기무게를 정밀히 1회만 측정한다.
   - 반복작업 생략

2. 건조 및 칭량작업(소요시간 : 20분)

1) 개봉후 빈 용기를 적절히 처리하여 건조한 후 무게를 1회만 단다.
   - 빈 용기의 건조 소요시간을 단축시행하고 건조되었다고 가정
   - 일련의 건조작업 1회실시 반복작업 생략

3. 제시된 실험결과에 따라 내용량 계산(소요시간 : 10분)

모범 작업과정 :

1) 내용물이 들어 있는 용기 외면을 깨끗이 닦고 무게를 정밀히 측정한다.
2) 내용물을 완전히 제거하고 물 또는 용매 등으로 용기의 내부를 깨끗이 씻어 말리고 용기의 무게를 단다.

【계산 작업】

내용량 계산값(%) = (통 전체의 무게 − 빈 통의 무게) / (표시된 무게)× 100(3회 반복작업)

내용량(%) = (1회 계산값 + 2회 계산값 + 3회 계산값) / 3

* 3회 반복 작업에 대해 각각 계산하여 평균값을 산출해야 한다.

【예】 다음의 결과를 이용하여 내용량을 계산하세요.

(소수점 셋째 자리에서 반올림하여 둘째 자리까지 계산하세요.)

측정항목	측정값(g)	
통전체 무게	415.5530	1회 : (415.5530 − 114.2789) / 300 × 100 = 100.4247
	415.9852	2회 : (415.9852 − 115.5567) / 300 × 100 = 100.1428
	416.4298	3회 : (416.4298 − 114.9988) / 300 × 100 = 100.4770
빈통의 무게	114.2789	내용량(%) = (100.4247 + 100 1428 + 100.4770) / 3
	115.5567	= 100.3482
	114.9988	≒ 100.35
표시된 무게	300	

3. 비중 측정

식품(산업)기사 실기 작업형 13 | 비중 측정

실험 28

1. 비중병의 건조, 방랭 및 항량작업(소요시간 20분)

- 일련의 항량작업 1회 실시 반복작업 생략
- 일련의 증발, 건조, 탄화 및 회화작업 수행
- 건조, 방랭, 항량 소요시간 단축시행하고 건조, 방랭, 항량이 되었다고 가정

2. 비중 측정 작업(소요시간 : 20분)

1) 식용유를 정확히 25℃로 맞추고 무게를 단다.
   - 표준온도 도달 소요시간 단축시행하고 표준온도에 도달되었다고 가정
2) 증류수를 사용하여 1)과 동일한 작업을 수행한다.
   - 표준온도 도달 소요시간 단축시행하고 표준온도에 도달되었다고 가정

3. 제시된 실험결과에 따라 내용량 계산(소요시간 : 10분)

모범 작업과정 :

1) 비중병(비중병의 온도계를 제외하고)을 건조, 항량시키고 데시케이터에서 방랭한다.
2) 식용유를 25℃보다 1~3℃ 낮은 온도에서 거품(공기방울)이 없게 한다.
3) 정확히 25℃로 맞추고 밖으로 나온 유지를 닦고 무게를 단다.
4) 증류수를 사용하여 위의 과정을 반복한다 .

【계산 작업】

$$d(25^\circ/25^\circ) = (W_1 - W) / (W_2 - W)$$

W : 항량 된 비중병의 무게

W_1 : 유지를 넣어 측정한 비중병 무게

W_2 : 증류수를 넣어 측정한 비중병 무게

【예】 다음의 결과를 이용하여 비중을 계산하세요.

(소수점 셋째 자리에서 반올림하여 둘째 자리까지 계산하세요.)

측정항목	측정값(g)
항량 된 비중병 무게	53.9623
증류수를 넣어 칭량한 무게	82.4327
유지를 넣어 칭량한 무게	81.2779

비중 = (81.2779 − 53.9623)/(82.4327 − 53.9623)
= 27.3156/28.4704 = 0.959
≒ 0.96

CHAPTER **11**

기기 분석

1. pH meter
2. 분광광도계
3. 크로마토그래피

1. pH meter

식품에서 pH를 측정하는 이유는 식품이 갖고 있는 고유의 pH와 비교함으로써 해당 식품에 대한 다양하고 유익한 정보를 얻을 수 있기 때문이다. 모든 식품은 정도의 차이는 있으나 생물학적(미생물, 효소, 곤충 · 기생충 및 설치류), 화학적(산소, 빛) 및 물리적 요인(온도, 충격)에 의하여 품질 저하가 발생하게 된다. 식품이 갖고 있는 고유의 pH는 식품의 품질 저하에 영향을 미치는 주요 인자 중의 하나로서 이에 대한 정확한 이해가 필요하다. 일반적으로 미생물에 의한 식품의 위생안전성을 고려한 가열살균은 pH 4.0 이하, 4.0 < pH < 4.5, pH 4.5 이상을 기준으로 설정한다. 특히 pH 4.5 이상의 식품에서는 보툴리누스균 *C. botulinum*이 증식할 수 있기 때문에 고온에서 가열해야 식품에 안전성을 부여할 수 있다.

pH는 용액의 산성(0 < pH < 7), 중성(pH=7.0), 염기성(7.0 < pH < 14.0) 정도를 나타내는 측정 단위로 0부터 14까지 측정된다. pH의 'p'는 음의 상용대수의 수학적 심벌로서 대수의 power를 뜻하고, 'H'는 수소의 화학적 심벌에서 유래되었다. 즉 pH는 수소이온의 몰농도(mol/L)를 그 역수의 상용대수로서 나타내는 값으로 다음과 같이 정의된다.

$$pH = -\log_{10}(\text{수소 이온의 몰농도}) = -\log_{10}[H^+]$$

산과 염기는 어떤 주어진 용액 내에서 주어진 일련의 조건에 대해 수소이온 H^+과 수산화이온 OH^-의 관계가 일정($[H^+] \times [OH^-] = 10^{-14}$)하여 각각 알려진 다른 것으로 결정할 수 있다 표 11-1. 즉 pH 측정은 산과 염기 모두의 측정이라 할 수 있다.

표 11-1 용액의 농도와 pH

용액의 종류	수소이온의 농도(mol/L)	수산화이온의 농도(mol/L)	$pH = -\log[H^+]$
0.1N HCl	10^{-1}	10^{-13}	1
0.01N HCl	10^{-2}	10^{-12}	2
0.1N NaOH	10^{-13}	10^{-1}	13
0.01N NaOH	10^{-12}	10^{-2}	12

pH를 측정하는 방법에는 정확도가 떨어지지만 간이검사법으로 pH에 따라 색상이 변화는 성질을 이용하는 pH시험지(리트머스 시험지)나 지시약을 이용하는 방법과, 정확도가 높은 pH미터를 이용한 측정법(유리전극, 안티몬전극, 수소전극, 퀸하이드론전극)이 있다. 여기서는 정확도가 높으며 가장 보편적으로 사용되는 유리전극을 이용한 pH미터의 측정 원리에 대하여 설명한다.

pH미터를 이용한 pH 측정은 측정전극 glass electrode과 기준전극 reference electrode의 직접 전위차법을 이용하여 용액 중의 수소이온 농도를 분석하는 장치로서 측정전극인 수소이온 선택성 지시전극인 유리전극과 은 Ag · 염화은 AgCl 기준전극을 시료용액에 담그고 두 전극 사이의 전위차를 측정하여 전위차에 해당하는 pH를 측정하는 장치이다 그림 11-1. 수소이온 선택성 유리전극은 막전극 중에 가장 널리 알려진 것으로 밑바닥에 매우 얇은 유리막이 있다. 일정한 전위를 가지는 기준전극은 일정 농도의 표준 염산액 속에 꽂혀 있는 은-염화은 전극으로 중성 용액에서는 유리막 내면에 농축된 상태로 존재하는 수소이온이 유리막의 안쪽 표면에 결합하면 유리막은 전기적으로 중성을 유지해야 하기 때문에 유리막 바깥쪽 표면에 결합하고 있던 수소이온이 같은 숫자만큼 유리막으로부터 유리된다. 또한 유리전극을 NaOH와 같은 알칼리성 용액에 담그면, 유리전극의 바

그림 11-1 | 유리전극의 일체형 구조 및 전기화학적 표현

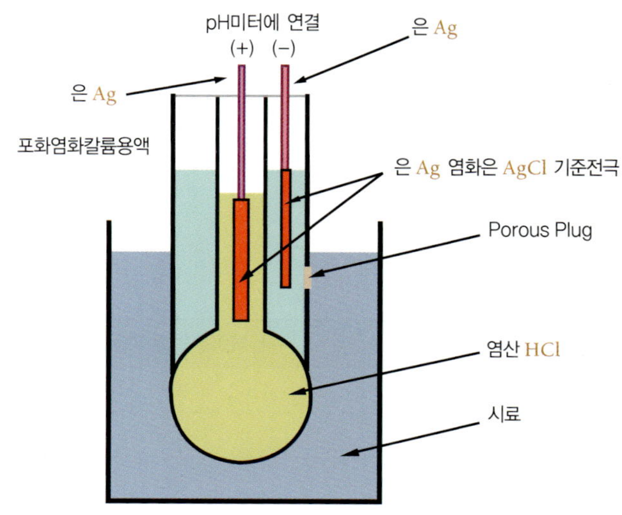

깥쪽은 수소이온의 활성도가 매우 낮아서 유리막의 바깥 표면에 결합되어 있던 수소이온이 용액 중의 수산화이온OH과 반응하여 물이 생성된다. 유리전극의 안쪽에서는 HCl로부터 수소이온이 해리되어 유리막이 전기적으로 중성을 유지할 때까지 유리막 안쪽에 결합하게 된다. 즉, 유리전극의 바깥쪽은 Na^{+}와 같은 양이온의 농도가 높아지게 된다. 반대로, 유리전극을 산성 용액에 담그면 전극의 바깥쪽은 수소이온의 활성도가 매우 높아 유리막 바깥 표면의 빈자리를 수소이온이 차지하게 되어 유리막 안쪽 표면에 결합되어 있던 수소이온이 유리막이 전기적으로 중성을 유지할 때까지 유리막으로부터 유리되고, 이들은 유리전극 내부에 존재하는 염소이온과 결합한다. 그러므로 유리전극의 안쪽에서는 염소이온의 농도가 낮아지고, 바깥쪽에서는 수소이온의 농도가 낮아지게 된다. 이때 유리막이 수소이온의 농도에 따라서만 전위값이 변화하는 특성을 이용하여 두 전극 사이의 전위차로부터 용액의 pH값을 알 수 있다. 또한, 시료의 실제 pH는 용액에서 수소이온 활동도에 따라 변하므로 온도에 따라 변할 수 있다. 왜냐하면 화합물의 이온화와 용액에서의 수소이온 농도는 온도에 의존하는 성질이 있기 때문이다. 따라서 pH를 측정하는 경우 측정 온도를 반드시 기록해야 한다.

표 11-2 일반적인 동 · 식물성 식품의 pH

식물성 식품	pH	동물성 식품	pH
사과	2.90–3.30	참치(통조림)	5.92–6.10
아스파라거스	5.20–6.10	새우	6.80–7.00
바나나	5.00–5.29	굴	5.68–6.17
강낭콩	5.73–6.20	정어리	5.42–5.93
양배추	5.40–6.00	우유	6.30–6.50
당근	5.88–6.00	난백	7.96
체리	3.29–3.32	난황	6.10
코코넛	5.90–6.52	크림	6.40–6.60
오이	5.18–5.70	닭	6.20–6.40
꿀	3.70–3.78	체더치즈	5.90
양파	5.32–5.85	코티지치즈	4.75–5.02
오렌지	3.30–4.30	버터	6.10–6.40
감자	5.40–5.90	버터우유	4.41–4.83
식초	3.12	소고기	5.60

한편, 표 11-2 에는 일반적인 동물성 · 식물성 식품의 pH를, 표 11-3 에는 일반적으로 사용되는 지시약의 변색 범위 및 조제방법에 관하여 나타내었다.

표 11-3 지시약과 변색 pH 범위

지시약	pH범위	색 (산 · 염기)	사용량 (100mL당)	조제방법
산성 지시약				
티몰블루 thymol blue	1.2~2.8	적 ↔ 황	2~5방울	0.1% in 20%EtOH
브로모페놀블루 bromophenol blue	3.0~4.6	황 ↔ 청자	2~5방울	0.1% in 20%EtOH
브로모크레졸그린 bromocresol green	3.8~5.4	황 ↔ 청	2~5방울	0.1% in 20%EtOH
메틸레드 methyl red	4.2~6.3	적 ↔ 황	2~4방울	0.1% in 90%EtOH
브로모크레졸퍼플 bromocresol purple	5.2~6.8	황 ↔ 자	1~4방울	0.1% in 20%EtOH
브로모티몰블루 bromothymol blue	6.2~7.6	황 ↔ 청	1~4방울	0.1% in H_2O
페놀레드 phenol red	6.8~8.4	황 ↔ 적	1~4방울	0.1% in 20%EtOH
티몰블루 thymol blue	8.0~9.6	황 ↔ 청	1~4방울	0.1% in 20%EtOH
페놀프탈레인 phenolphthalein	8.3~10.0	무 ↔ 적	3~10방울	0.1% in 70%EtOH
염기성 지시약				
메틸오렌지 methyl orange	3.1~4.4	적 ↔ 황	3~5방울	0.1% in H_2O

실험 29

식품의 pH 측정

1. 원리

pH는 산, 알칼리의 정도를 표시하는 단위로 수소이온 농도의 상용대수 값으로 표현된다. 시료의 pH는 pH에 따라 변색되는 성질이 있는 여러 가지 지시약을 이용하여 색에 따라 정성적으로 측정할 수 있다. 또한 수소이온 농도에 따른 전극의 전위차로부터 pH를 측정할 수 있는 pH미터를 사용하여 보다 정확한 pH를 측정할 수 있다.

2. 기구 및 시약

10^{-1} M, 10^{-3} M, 10^{-5} M, 10^{-7} M HCl 및 NaOH, 표준 완충용액(pH 4.0, 7.0, 9.0), 식초, 콜라, 과즙, 우유, 두유, 티몰블루, 브로모페놀블루, 메틸레드, 브로모크레졸퍼플, 브로모티몰블루, 페놀프탈레인, pH미터, 비커, 시험관, 메스실린더, 증류수병

3. 방법

1) pH에 따른 지시약의 색

① 0.1 M HCl 용액과 0.1 M NaOH 용액을 각각 50mL 정도 준비한다.

② 0.1 M HCl 용액과 0.1 M NaOH 용액을 희석하여 측정용 시료용액(10^{-3}~10^{-7}M)을 제조한다.

③ 제조한 각각의 측정용 시료용액을 시험관에 5mL씩 넣고 준비한 지시약들을 여러 방울씩 각 시험관에 가한 후 나타난 용액의 색깔을 기록한다.

④ 시료용액의 색 변화를 통해 준비한 지시약들의 변색 pH 범위를 확인한다.

2) 지시약에 의한 식품의 pH 결정

① 여러 가지 식품으로부터 측정용 시료용액을 준비한다.

② 미지의 식품 용액을 시험관에 5mL씩 넣은 준비한 여러 가지 지시약을 첨가

한 후 나타난 용액의 색깔을 기록한다.

③ A에서 확인한 지시약의 변색과 비교하여 식품의 pH를 결정한다.

3) pH미터를 이용한 측정

가장 보편적으로 사용되는 유리전극 pH미터의 일반적인 사용법은 다음과 같다.

① 사용하기 전에 적어도 10분 이상 전원을 켜서 pH미터를 안정화시킨다.

② 전극을 증류수로 씻은 다음 부드러운 흡수성 종이를 가볍게 대어 물기를 제거한다. 이때 흡수성 종이로 전극을 문지르지 않도록 주의한다.

③ 전극을 표준 완충용액(pH 4.0, 7.0, 9.0)에 담근 후 측정용 시료용액의 온도에 맞춘다.

④ 측정 온도에 맞는 해당 표준 완충용액의 pH값이 되도록 조정한다. 이때 각각의 pH에서 측정이 완료된 후에는 ②에서와 같은 방법으로 전극의 물기를 제거한다.

⑤ 표준 완충용액의 pH에 맞도록 pH미터의 표준화가 완료되면 측정용 시료용액에 전극을 담근다.

⑥ pH미터의 표시부에 나타난 pH값과 온도를 기록한 후 A, B에서 구한 pH범위 값과 비교한다.

4. 결과

5. 고찰

- 지시약과 변색 범위
- pH 측정 온도
- 수소이온 농도
- pH미터

6. 참고자료

Tip

pH미터 전극의 취급법

① 측정 전
- 장기간 사용하지 않은 경우 보관통 뚜껑을 열어 보관통을 분리시킨다.
- 보관통 뚜껑으로부터 pH 전극을 분리시킨다.
- 증류수로 충분히 pH 전극을 세척한다. 특히 유리막 부분이 있는 끝부분을 깨끗히 세척한다.

② 측정 시
- 측정 사이에 잠시 사용하지 않을 경우 공기 중에 노출시키지 말고 pH 4 또는 7의 표준 완충용액에 담가둔다(최대 24시간 이내).
- 다른 시료를 측정할 경우 증류수로 세척한다.

③ 측정 후
- 24시간 이내의 짧은 시간 동안 보관할 경우
  pH 4 또는 7의 표준 완충용액에 넣어 보관한다.
- 장시간 사용하지 않을 경우
  pH 4/KCl 보관용액에 담가둔다. 이 방법으로 기준 전극을 늘 젖은 상태로 유지하면 수명을 길게 할 수 있다.
  → 보관용액 제조: pH 4의 표준 완충용액 100mL에 고체 KCl을 10g을 용해시킴.

【유의사항】

① pH와 혼돈하기 쉬운 아래의 용어에 대한 정확한 개념을 정리한다.
적정산도(titratable acidity), 유기산함량, 산가(acidity), 지방산도(fat acidity), 식품의 산도/알칼리도
② 용액의 희석배수에 대한 개념을 정리한다(희석배수 = 최종부피/취한부피).
③ pH미터 전극의 취급법(측정 전, 측정 시, 측정 후)에 대하여 주의한다.

2. 분광광도계 Spectrophotometer

1) 원리

일반적으로 빛이 물체에 닿으면 반사, 흡수 또는 통과하는 빛으로 나누어지는데 물체에 흡수되는 빛의 양은 물체를 구성하는 물질의 농도에 따라 달라지는 성질이 있다. 이러한 물체에 대한 빛의 흡수현상을 이용하면 시료용액 중 빛을 흡수하는 화학물질의 양을 정량할 수 있다.

빛이 두께 b의 셀에 농도가 c인 용액을 통과하게 되면 시료에 의하여 빛이 흡

수되기 때문에 초기 빛의 강도(I_o)는 약해져 새로운 빛의 강도(I)를 갖게 된다. 이때 빛의 초기 강도에 대한 통과 후의 강도의 비율, 즉 I/I_o를 투과도(transmittance, T)라 하며 'I/Io × 100'을 %T라 한다(%T=T×100). 시료용액의 흡광물질로 들어가지 않은 초기 빛의 강도(I_o)를 임의적으로 100%라 하고, 통과한 후의 빛의 강도(I)를 50%라 가정해 보자. 셀의 두께가 두 배가 되었다면, I는 25%로 감소한다. 마찬가지로 셀의 두께가 계속해서 같은 비율로 증가한다면 셀을 통과한 후의 빛의 강도는 같은 비율로 계속해서 감소하게 된다 그림 11-2 . 그림 11-2 에서 셀의 두께와 빛의 강도는 직선적으로 비례하지 않고 대수관계에 있으며 식 A와 같이 표현된다. 동일한 이유로 퍼센트투과도(%T)와 용액의 농도(c) 사이의 관계는 식 B와 같이 표현된다.

$I/I_0 = e^{-kb}$: 식 A

$I/I_0 = e^{-k,c}$: 식 B

그림 11-2 | 셀(cell)의 두께에 따른 투과율의 변화

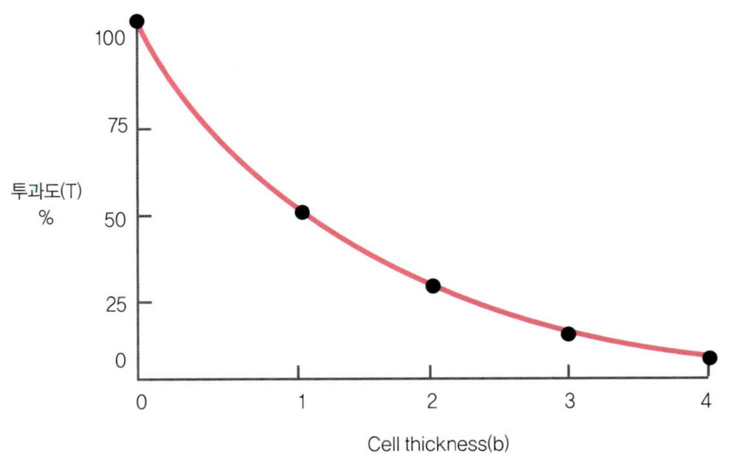

셀의 두께와 용액의 농도에 대한 빛의 투과도 관계는 식 A와 B를 합하면 식 C로 표현된다. 하지만 식 C는 시료의 농도와 특별한 상관관계(예를 들어 농도가 두 배이면 빛의 투과율이 1/2배)를 나타내지 않기 때문에, 이 식을 상용로그함수(log)로 식 D와 같이 전환하면 시료의 농도와 일정한 상관관계식이 얻어진다.

$$I/I_0 = e^{-k_2 bc} \quad : 식\ C$$

$$-\log T = \log I_0/I = (k_2/2.3)\,bc \quad : 식\ D$$

이때 −logT를 흡광도(absorbance, A)라 한다면 흡광도는 $(k_2/2.3)$를 새로운 상수 ε로, −logT를 A로 치환하면 시료의 농도와 특별한 상관관계를 지니는 식 E로 표현된다.

$$A = \varepsilon bc \quad : 식\ E$$

여기서 ε은 흡광계수, b는 셀의 두께, c는 농도이며, 일반적으로 c는 몰농도이며, 이때 ε는 몰흡광계수로 표현된다. 식 E는 베르 Beer의 법칙으로 알려졌으며, 이 법칙은 흡광도가 흡수화학물질의 농도에 비례한다는 것을 의미한다.

Beer 법칙은 대부분 물질의 묽은 용액(≤0.01M)에 대하여 아주 잘 들어맞는다. 하지만 용액이 진해지면 용질 분자들은 서로 가까이 있기 때문에 각각의 전기적 성질(빛의 흡수 포함)이 변화되어 농도와 흡광도의 관계가 더 이상 직선을 이루지 않으며, 용액 중에서 빛을 흡수하지 않는 화학종과 상호작용하여 겉보기 흡광계수를 변화시킬 수도 있다. 또한 용액에서 어떤 산, 염기, 염 등은 농도가 희석될수록 그들의 이온화가 증가하는데 이들 이온의 빛 흡수는 이온화되지 않은 분자들과 다르기 때문에 Beer 법칙에 편차를 일으키게 된다. 따라서 흡광도를 측정할 때에는 표준용액을 사용하여 표준곡선 standard curve을 얻은 후 Beer 법칙이 적용되는, 즉 농도와 흡광도가 정의 상관관계를 나타내는 범위의 농도에서 흡광도를 측정하는 것이 좋다.

분자는 원자와는 달리 광범위한 범위에 걸쳐 여러 파장을 지니는 빛을 계속적으로 흡수한다. 하지만 분광광도법에 의하여 시료용액 중의 어떤 흡광물질의 농도를 측정하려면 그 물질의 빛을 가장 많이 흡수할 수 있는 빛의 파장, 즉 흡광도가 최대인 파장을 선택해야 그 물질의 농도를 보다 정확히 측정할 수 있다.

2) 분광광도계의 구성

분광광도계는 전자기 복사선을 형성하는 광원, 복사선을 각 파장별로 분광시켜주는 단색화장치, 샘플을 넣는 시료부, 샘플을 통과한 빛을 읽는 검출기로 나눌 수 있다. 즉 광원에서 유래한 빛은 여러 개의 반사경과 필터, 단색화 장치를 통해 특정 파장의 빛으로 여과되고, 이 빛이 시료를 지나면 시료 성분 및 농도에 따라 일부 빛이 흡수되고 나머지는 검출기에 전달된다. 이때 빛의 조사량과 검출량의 차이를 이용하여 흡광도를 구할 수 있다.

(1) 광원 light source

광원은 빛을 생성하여 흡광도를 측정하는 전 파장 영역에 일정한 세기를 유지하며 충분한 복사선 에너지를 공급하는 역할을 한다. 광원을 제공하는 램프별 특성은 표 11-4 와 같다.

표 11-4 램프 종류별 특성

램프	특성
텅스텐 램프 tungsten	• 필라멘트를 텅스텐으로 만든 진공 백열전구 • 가시광선(325~1100nm) 영역에서 재현성 있는 일정한 빛의 세기 방출 • 보통 10,000시간 동안 사용 가능
중수소 램프 deuterium	• 자외선(190~325nm) 영역 측정 • 중수소 램프의 빛의 세기는 보통 1,000시간 사용 후 크게 감소 • 램프 교체 시기는 분석감도, 파장범위, 램프 자체 성능에 따라 결정
제논 램프 xenon	• 자외선에서 가시광선 영역까지 측정(190~1,100nm) • 고압의 제논 가스 속에서 일어나는 방전에 의한 발광 이용

(2) 단색화장치 monochromator

단색화장치는 광원으로부터 들어온 연속 파장의 자외선 및 가시선을 각 파장별로 분산시켜 단색 파장으로 만드는 장치로 회절격자, 입사슬릿 및 방출슬릿으로 구성되며, 회절격자를 회전시킴으로써 임의의 단색광을 입사슬릿으로부터 나오게 한다. 이 빛은 다시 회절격자를 통해 분산되어 방출슬릿으로 전달되는 구조로 되어 있다. 단색화장치에서 다색광의 분광장치로 회절격자 대신에 프리즘을 이용하는 경우도 있다.

(3) 시료부

시료를 담는 용기를 말하며 측정하는 시료의 종류, 부피, 측정하고 싶은 파장에 따라 선택하여 사용한다. 셀 cell은 자체가 빛을 흡수하면 시료의 정확한 측정이 어려워 셀은 모든 파장에서 완전히 빛을 투과시켜야 하고 재질에 따라 크게 표 11-5와 같이 3가지로 구분된다.

표 11-5 재질에 따른 셀의 종류

유리 glass	• 플라스틱 셀보다 고가지만 내구성이 좋다 오랫동안 사용 가능 • 320nm 이하의 파장에서 강하게 흡광하므로 이 영역 이하에서는 부적합
석영 quartz	• 자외부와 가시부에서 모두 사용이 가능하지만 고가
플라스틱 plastic	• 주로 일회용으로 사용 • 320nm 이하의 파장에서 강하게 흡광하므로 이 영역 이하에서는 부적합 • 플라스틱 재질에 따라 사용할 수 있는 용매 제한

(4) 검출기 detector

시료를 통과한 빛이 검출기로 들어가 광전관에 부딪치게 되는데, 이때 광 신호를 전기적 신호로 변환하는 장치가 검출기로서 낮은 노이즈와 높은 감도를 가지고 전 파장에 걸쳐 일정한 반응을 보이는 것이 이상적이다. 자외선/가시광선 범위의 빛을 검출하는 검출기에는 3가지 종류가 있으며 이들은 각각 감도, 응답시간, 사용되는 파장범위 및 출력의 형태에 따라 차이점을 갖고 있다. 광전기형 photocell type은 광자 photon에 의해 반도체로부터 방출되는 전자가 은박층에 집합됨으로써 생기는 전위를 측정하는 장치이며, 광전관 phototube type은 세슘을 입힌 음극에 광자가 충돌하여 나오는 전자를 양극에 모아 이때 흐르는 전류를 측정하는 장치이다. 광전자 등배관 PMT : photo multiplier tube은 광 음극에서 나오는 전자를 전기장에 의해 가속화시킴으로써 감도를 10^6~10^9 정도 증폭시키는 장치이다. 그 밖에 광다이오드어레이 photodiode array type형이 있다. 보통 광전자 증배관이 사용된다.

3) 분광광도계의 사용법

(1) 용매

시료용액을 준비할 때 사용하는 용매는 모든 종류의 화합물을 용해시키고 비가연성이며 독성이 없고 모든 파장에서 완전히 빛을 투과시키는 성질을 지녀야 한다. 표 11-6 은 UV-Vis 스펙트럼의 측정에 잘 쓰이는 용매와 한계 파장을 나타내고 있다.

표 11-6 일반적으로 사용되는 용매의 성질

용매	한계파장(nm)	용매	한계 파장(nm)
증류수 헥산 에탄올 메탄올	<195 199 207 210	시클로헥산 클로로포름 디메틸설폭사이드 아세톤	211 246 270 331

(2) 셀 cell, cuvette

일반적으로 시료를 넣는 셀은 자외부에서는 석영 셀을 사용하고 가시부에서는 유리 셀을 사용하며, 용도에 따라 표 11-7과 같이 나눌 수 있다. 특히 셀의 내·

외부에 먼지나 지문이 묻지 않도록 주의하여 측정해야 한다. 셀을 세척할 경우 알코올과 에테르의 혼합액(4:1)을 면에 적시어 셀 표면을 가볍게 닦아내면 된다.

표 11-7 용도에 따른 셀의 종류

Standard cell 직육면체로 가장 일반적 (10×12.5mm)		Micro cell 시료의 양이 매우 적을 경우 사용(2×2.5mm)	
Semi-micro cell 일반적으로 시료의 양이 적을 때 사용		Flow cell 자동화가 필요한 응용 기기에 사용	

(3) 대조용액

대조용액은 시료액 중에서 착색 성분만을 제외하고 다른 모든 조건은 시료용액과 동일하게 제조해야 한다.

(4) 흡수극대파장

시료용액의 빛의 흡수스펙트럼은 착색 성분에 의하여 특정 파장에서 가장 예민하게 흡수하는 파장을 보이는데, 이 파장을 흡수극대파장이라고 한다. 흡수파장은 분자의 결합상태, 분자 및 원자단 종류 등에 따라 차이가 나므로 흡수극대파장을 선택하여 흡광도법으로 검량곡선 calibration curve을 작성하여 특정 물질을 정량할 수 있지만, 흡수가 잘 안 되는 파장에서 측정한다면 농도 변화에 따른 투과도의 차이를 볼 수 없어 정량이 불가능하게 된다는 사실을 유의해야 한다.

(5) 가시광선의 색

물질이 어떤 파장의 빛을 흡수하면 사람의 눈은 흡수하지 않은 파장의 빛을 감지하게 된다. 즉 관찰된 색과 흡수된 색은 보색 complementary color 관계에 있다.

표 11-8 파장에 따른 가시광선의 색

최대 흡수파장(nm)	흡수된 색	관찰된 색
380 ~ 420	보라색	초록색-노란색
420 ~ 440	보라색-푸른색	노란색
440 ~ 470	푸른색	오렌지색
470 ~ 500	푸른색-초록색	붉은색
500 ~ 520	초록색	진한 붉은색
520 ~ 550	초록색-노란색	보라색
550 ~ 580	노란색	보라색-푸른색
580 ~ 620	오렌지색	푸른색
620 ~ 680	붉은색	푸른색-초록색
680 ~ 780	진한 붉은색	초록색

실험 30

1. 원리

미지의 시료에 함유된 특정 성분의 농도는 표준물질의 투과율(또는 흡광도)과 미지시료의 투과율을 측정한 후 Beer 법칙에 적용하여 구할 수 있다. 그러나 일반적으로는 표준물질을 여러 농도로 조제한 후 흡광도를 측정하여 구한 표준곡선을 나타내는 수식에 미지시료의 흡광도 값을 대입하여 결정한다.

2. 기구 및 시약

카페인(표준품), 시료(녹차, 커피 등), 80℃ 증류수, 항온수조, 비커, 저울, 교반기, 세척병, 피펫, 셀, 분광광도계, 스포이트(또는 1회용 디스펜서), 휴지, 알코올과 에테르 혼합액(4:1)

3. 방법

1) Beer 법칙을 이용한 미지시료의 함량 결정

① 카페인을 증류수에 용해시켜 10 ppm의 표준용액을 제조한다.

② 제조한 10 ppm의 카페인 표준용액을 셀에 넣은 후 흡수스펙트럼을 측정하

여 흡수극대파장을 확인한다.

③ 표준용액의 흡수극대파장에서 투광률(%T)을 측정한 후 기록한다.

④ 녹차 1g을 미리 가온한 80℃ 증류수 100mL에 넣고 30분간 80℃ 항온수조에서 가온 추출한 후 여과(Whatman NO.2)하여 녹차엽과 여액을 분리한다.

⑤ 여과한 녹차 추출액을 셀에 넣은 후 동일 파장에서 투광률(%T)을 측정한다.

⑥ Beer 법칙을 이용하여 시료에 함유된 카페인 함량을 계산한다.

2) 표준곡선을 이용한 미지시료의 함량 결정

① 표준용액을 Beer 법칙이 잘 들어맞는 여러 가지 농도(5가지 정도)로 제조한 후 1)과 동일한 파장에서 투광률(%T) 또는 흡광도를 측정하여 농도와의 상관관계를 나타내는 표준곡선을 작성한다.

② 미지시료의 투광률 또는 흡광도를 측정한 후 표준곡선의 검량식에 대입하여 미지시료에 함유된 카페인 함량을 구한다.

③ 1)에서 Beer 법칙을 적용하여 구한 값과 비교하여 본다.

4. 결과

① 먼저 표준용액의 농도와 투광률(%T)을 이용하여 흡광계수(ε)를 계산한다.

② 표준용액을 이용하여 구한 흡광계수와 미지시료의 투광률을 Beer 법칙을 나타내는 수식에 대입하여 미지시료에 함유된 카페인 함량을 결정한다.

법칙($A = \log(I_0/I) = \varepsilon bc$)을 이용할 경우, 용액을 투과하기 전의 빛의 강도 I_0는 100%이므로 $\log(I_0)$는 2가 된다. 따라서 '$A = \log(I_0/I) = \log100 - \log\%T = 2 - \log\%T$'로 표현할 수 있다. 분광광도계를 통해 측정한 표준용액과 미지시료 용액의 투광도(%T)값을 대입하여 계산한다.

Tip

유의사항

① 흡광도에 의한 물질의 농도를 결정할 때, 표준곡선은 Beer 법칙을 따르는 범위 내에서 흡광도를 측정해야 한다.

② 흡광도를 측정하는 파장은 시료용액의 스펙트럼을 구하여 최대 흡광도를 나타내는 파장을 선택해야 한다.

③ 흡광도를 측정할 때, 가능한 한 같은 셀을 사용해야 오차를 최소화할 수 있다. 두 개 이상의 큐벳cuvette은 굴절률, 반사율, 내부두께 등이 서로 다를 수 있어 이들에 의해서도 영향을 받을 수 있기 때문이다.

5. 고찰

- Beer 법칙
- 흡수극대파장
- 흡광계수
- 표준곡선

6. 참고자료

3. 크로마토그래피

크로마토그래피 chromatography란 혼합된 시료성분들이 기체나 액체 상태로 흐르면서 고정상을 이동할 때 그 속에 들어 있는 화학물질들이 흡착, 분배, 이온교환 또는 분자크기 배제작용 등에 의해 흡착되거나 이동하는 속도가 각기 다른 점을 이용하여 이 화학물질들을 분리하는 방법으로 정성, 정량 등의 분석을 위해, 그리고 분리, 정제, 분취를 위해 이용될 수 있다.

크로마토그래피는 이동상이 기체인 기체크로마토그래피 gas chromatography, GC와 액체인 액체크로마토그래피 liquid chromatography, LC로 분류된다. 고정상의 분리 메커니즘에 따라 기체크로마토그래피는 흡착 adsorption과 분배 partition로, 액체크로마토그래피는 흡착, 분배, 이온교환 ion exchange, 분자배제 molecular exclusion, 친화 affinity로 분류할 수 있다.

1) 고속액체크로마토그래피 HPLC

(1) 원리

고속액체크로마토그래피 High performance liquid chromatography는 액체를 이동상으로 하는 칼럼 크로마토그래피법으로 고압펌프, 충전제(칼럼), 검출기를 갖추고 있어 신속하고 간편하며 높은 재현성 있는 미량의 시료분석에 적합하다. 또한 GC에서는 열에 안정한 휘발성 물질이 아니면 분석대상이 될 수 없지만, HPLC에서는 적당한 용매에 녹는 물질이면 어떤 시료라도 분석대상이 될 수 있어 GC에 비하여 훨씬 적용범위가 넓다. HPLC의 원리는 다음과 같다.

LC의 기본 원리를 설명하기 위해 우선 칼럼에서 세 성분을 분리한다고 가정해 보자 그림 11-3. 다공성 고체 분말이 길고 가는 튜브(칼럼)에 충전되어 있는 고정상에 소량의 시료용액을 칼럼에 주입하면 이동상은 시료를 이동시킨다. 이때 각 성분은 충전물에 흡착과 탈착이 연속적으로 이루어지면서 충전물과의 친화력의 차이만큼 각각 이동속도가 느려진다. 각 성분 x는 칼럼을 통과하면서 고정상(s)과 이동상(m) 사이에서 분배가 이루어지며 분배의 정도가 어느 쪽으로 치우쳤는지

그림 11-3 | 시료의 칼럼에서의 이동에 따른 분리과정

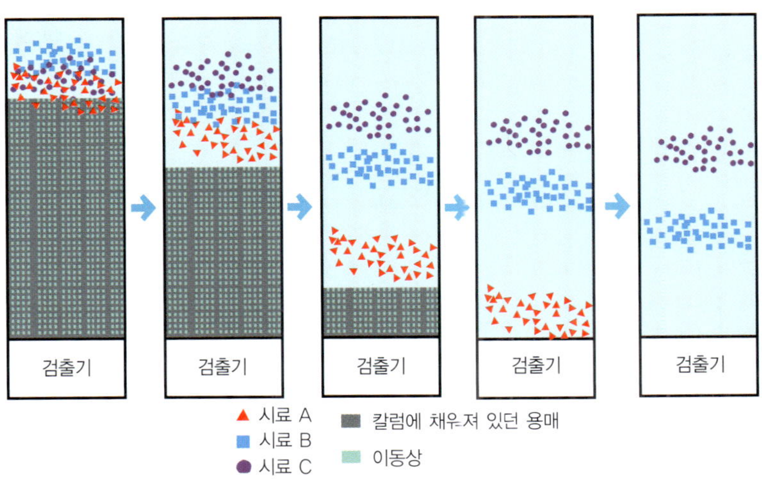

를 분배계수로 나타낼 수 있다.

$$k_x = [X]_s/[X]_m$$

$[X]_s$: 고정상에 분배된 시료의 농도, $[X]_m$: 이동상에 분배된 시료의 농도

분배계수(K_x)가 크다는 것은 성분이 고정상과 친화력이 있어서 칼럼을 천천히 통과함을 의미하며, 반대로 분배계수가 작다는 것은 성분이 고정상과 친화력이 없어서 칼럼을 빠르게 통과함을 의미한다. 즉 성분들의 상대적인 속도의 차이 때문에 각 물질이 칼럼을 따라 분리되는 것이며, 전형적인 크로마토그램은 그림 11-4와 같다. 이러한 기본원리를 바탕으로 시료에 함유된 물질의 분리방식에 따른 HPLC의 특징을 요약하면 표 11-9와 같다.

그림 11-4 | 전형적인 HPLC 크로마토그램

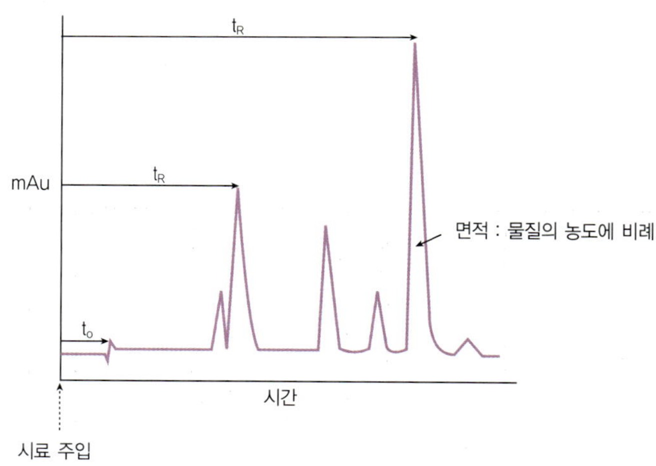

t_o : 용매와 이동상이 다를 경우 나타나는 용출시간
t_R : 시료유지시간

표 11-9 물질의 분리방식에 따른 HPLC의 특징

분리방식	고정상	이동상	특징
순상 normal phase	극성 칼럼 (Silica, Cyano, Amino, Diol)	유기용매	• 작용기의 극성도에 의한 분리 → 고체흡착제의 표면과 이동상의 액체에 대한 친화력의 차이 • 비수용성/비극성 용매 사용 • 극성이 낮은 성분부터 용리 • 불용성 물질, 무기이온, 이온성 유기 이성체 분리에 적합
역상 reverse phase	비극성 칼럼 (C−18, C−8, C−4, C−2)	물/유기용매	• 가장 일반적인 크로마토그래피 기술 • 고체 지지체의 표면 액상과 이동상의 액체에 대한 분배력의 차이 • 일반적으로 극성 용매 사용 − 용리강도: H_2O < MeOH < ACN < isopropanol < tetrahydrofuran − 비극성 용매 양이 많을수록 보존 retention 감소 • 극성 성분부터 용리 • 중성 · 약산 · 약염기 물질 분리에 적합
이온교환 ion exchange	양이온/음이온 교환수지	완충용액	• 이온화도 차이에 의한 분리 • 이온성 화합물 및 무기이온 분리에 적합 • 폴리스틸렌 polystyren 또는 실리카겔 표면에 이온성 화합성을 결합한 고정상 사용 • 시료분리 영향인자: pH, 이온세기, 이동상에 함유된 이온 종류 • 완충용액의 사용목적 − 이온성 물질 : 이온쌍 형성/이온강도 조절 − 생리활성물질 분리정제 : pH조절
분자체 size exclusion	실리카 스티렌 디비닐벤젠	Gel Filtration → 완충용액 Gel Permeation → 유기용매	• 일정 크기의 포어 pore를 가진 충전물 사용 • 물리적인 분리방법으로 큰 분자가 먼저 용출됨 · 고분자의 분자량 및 분자량 분포 분석

(2) HPLC의 분리능에 미치는 영향인자

여러 성분이 혼합된 시료에 대하여 높은 분리능 resolution, R을 얻기 위해서는 ① 시료를 충분히 칼럼에 머무르게 하여 용출시키며, ② 각 성분 간에 충분한 유지 시간 retention time이 있고, ③ 각 성분의 피크 peak 폭이 좁고 다른 피크와 겹치지 않아야 하며, ④ 가능한 한 짧은 시간에 모든 성분이 용출될 수 있어야 한다. 이러한 분리 조건을 좌우하는 분리 인자로는 용량인자 capacity factor, 선택성인자 selectivity factor, 칼럼효율 Efficiency이 있는데 이들 요인의 상호작용에 의하여 칼럼의 분리능이 결정된다. 즉 분리능은 칼럼 고성상의 선택, 칼럼 길이와 직경, 이동상 조성, 온도, 유속 및 시료량 등에 의해 복합적으로 영향받는다. 분리능에 대한 일반적인 특징을 그림 11-5, 그림 11-6에 나타내었으며, 그에 대한 종합적인 분리능(R)은 다음의 수식과 같다. 분리능(R)은 두 피크의 분리된 정도를 간단히 표시해 주는 값으로 일반적으로 바탕선 baseline에서 두 피크가 완전히 분리되는 R값이 1.5일 때 가장 이상적이다.

$$R = \underbrace{\frac{\alpha - 1}{\alpha}}_{\text{(선택성)}} \underbrace{(1/4\sqrt{N})}_{\text{(칼럼효율)}} \underbrace{\frac{K'}{K'+1}}_{\text{(용량인자)}}$$

그림 11-5 | 두 성분의 분리능에 따른 여러 형태

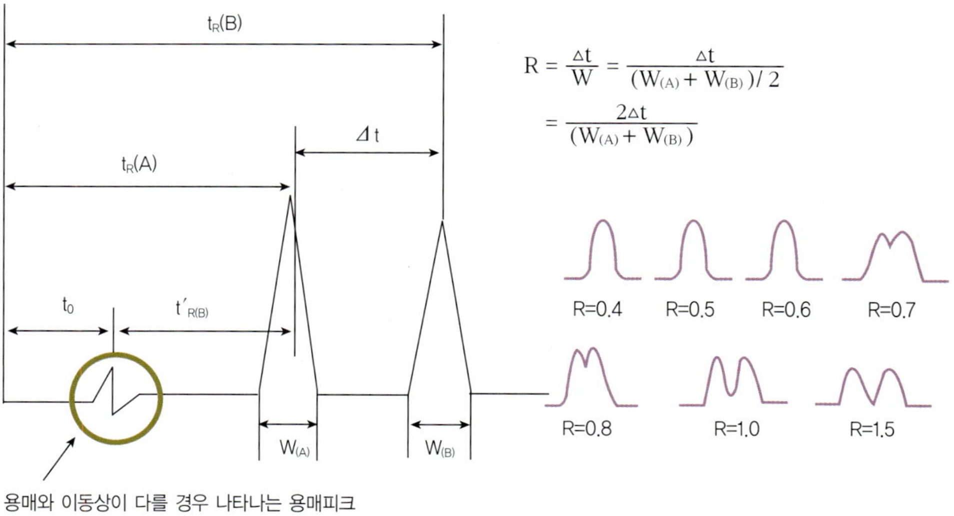

$$R = \frac{\Delta t}{W} = \frac{\Delta t}{(W_{(A)} + W_{(B)})/2} = \frac{2\Delta t}{(W_{(A)} + W_{(B)})}$$

① 용량인자

시료상의 성분들을 분리하기 위해서는 시료를 고정상에 충분히 머무르게 할 필요가 있는데, 이 머무름을 나타내는 지표가 용량인자 capacity factor: K′ 이다.

K′는 이동상의 용매 강도를 의미하며, 시료와 고정상이 얼마나 강하게 상호작용을 하는가를 나타낸다. 일반적으로 선택된 이동상의 조성비 또는 pH에 따라 크게 변화될 수 있는 화학적인 항으로 K′의 변화는 시료의 분리에 큰 영향을 미친다. 일반적으로 이동상의 세기를 증가시키면 용출액의 용량인자는 감소하며, 특히 역상에서 유기용매의 10% 증가는 피크의 용량인자를 2~3배 감소시킨다. 또한 K′ 값이 증가하면 피크의 폭이 증가하며, 높이는 감소하지만 시료의 용출시간은 증가하여 분리상태가 개량된다.

$$K' = (t_R - t_0)/t_0$$

$K' = 0$: 시료가 칼럼에 전혀 머무르지 않고 t_0에 용출됨

$K' = 1$: 시료가 t_0의 2배 되는 곳에서 용출됨

K' : 2~ 6(가장 이상적임)

그림 11-6 | 크로마토그램이 의미하는 분리능에 미치는 용량인자, 선택성인자, 칼럼효율인자

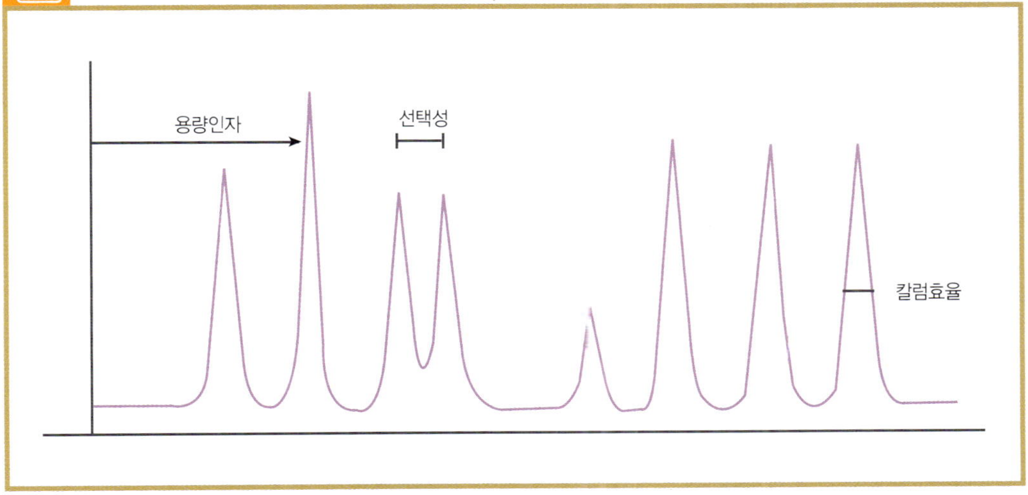

② 선택성인자 Selectivity factor : α

α는 분리계수 또는 상대 머무름비라 하는데, 분리계수가 증가하면 피크 사이의 간격이 상대적으로 커져 분리능이 증가한다. 그러나 피크의 높이에는 영향을 미치지 않는다.

$$\alpha = K_2{}' / K_1{}' = (t_{R2} - t_0)/(t_{R1} - t_0)$$

$\alpha = 1$: 두 시료가 전혀 분리되지 않음

$\alpha > 1$: 두 시료의 분리가 이루어지며 α가 클수록 분리능은 좋아짐

분리계수(α)는 이동상 조성의 변화, 다른 이동상 종류 선택, 이동상의 pH 변화, 칼럼 온도변화, 이동상 첨가제 첨가 및 고정상의 변화를 통해 변화시킬 수 있다.

③ 칼럼효율 Efficiency : N

N theoretical plate은 이론단수라 하며 칼럼의 효율을 의미하는데 칼럼의 길이, 충전제의 입자모양 및 표면적, 유속, 온도 등에 영향받는다. 충전제의 입자크기가 작을수록 표면적이 커져 이론단수가 증가하지만 입자크기가 작을수록 압력이 크게 걸려 한계가 있다. 또한 온도를 증가시키면 이론단수를 증가시킬 수 있다. 일

그림 11-7 | 칼럼효율을 나타내는 크로마토그램

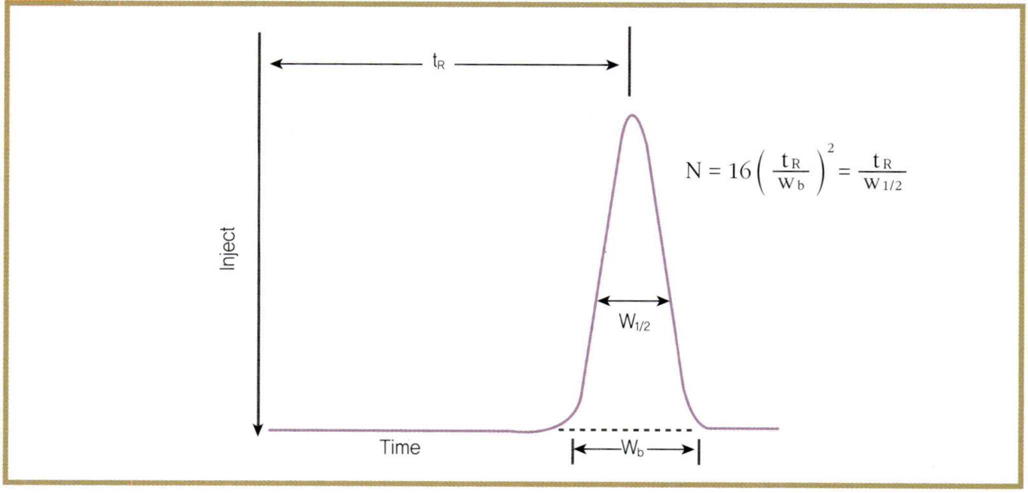

반적으로 이론단수(N)가 5,000이어야 정확한 분리가 가능하며, 이론단수가 증가하면 용출시간은 일정하나 피크 폭이 감소하고 피크의 높이가 증가한다. HELP height equivalent to a theoretical plate는 이론단 해당높이로 시료분자가 이동상과 고정상 사이에서 평형에 도달하는 데 필요한 칼럼의 길이로서 낮은 값을 가질수록 칼럼효율이 높음을 나타낸다. 그림 11-7에 칼럼효율을 나타내는 크로마토그램을 나타내었다.

(3) 장치

일반적으로 HPLC는 탈기장치 degasser, 용매전달장치 pump, 시료주입기 injector, 칼럼 column, 칼럼온도조절기 TCC, thermostatted column compartment, 검출기 detector 및 결과처리장치 등이 기본적으로 구성되어 있다. 그림 11-8은 HPLC의 기본 구성도와 실제 HPLC의 모습이다.

그림 11-8 | HPLC의 실제 모습 및 기본 구성도

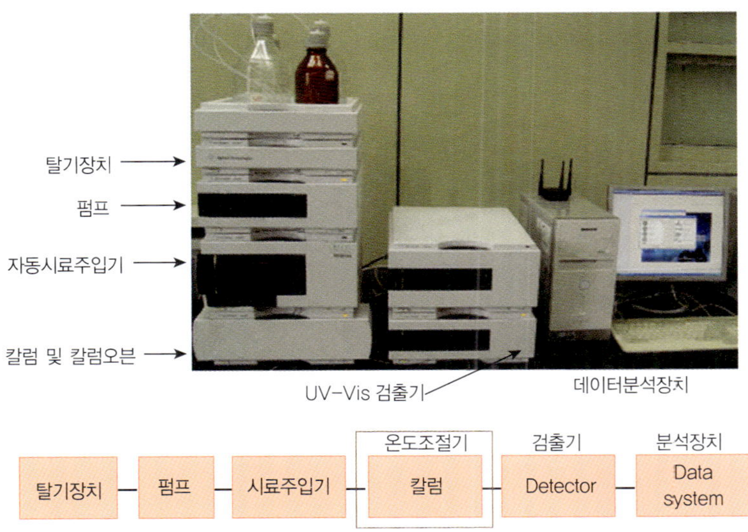

① 탈기 degassing

이동상으로 제조한 용매는 이동상 중의 용존산소, 질소, 기포 등을 제거하기 위해 탈기하며 He sparging, vacuum filtration, ultra-sonication 및 online degassing(degasser)을 통해 할 수 있다. 이때 모든 용매는 반드시 HPLC 등급을 사용해야 함은 물론 가급적 여과 후 탈기해야 한다. 특히 물과 메탄올은 기포가 많으므로 탈기 후 기기에 사용하는 것이 좋다. 그리고 측정하고자 하는 파장보다 낮은 한계파장을 가진 용매를 사용해야 한다. 만약 용매의 한계파장이 측정파장보다 클 경우 바탕선 base line만 크로마토그램이 나오게 된다.

② 펌프 pump

펌프는 이동상을 이동상 저장용기에서 끌어내어 시료 주입기에서 검출기까지 연속적으로 밀어주는 역할을 한다. 따라서 일정한 유속과 압력을 유지할 수 있어야 하는데, 이는 정량분석을 위해서 칼럼을 통해 분리되어 나오는 물질 피크의 보존 시간 retention time이 정확해야 복잡한 피크들 중 분석 대상 물질을 찾을 수 있기 때문이다. 일반적으로 펌프는 분석시간 동안 이동상 조성이 변화 없는 등용매 isocratic 용리, 단계적으로 바꾸는 단계 stepwise 용리와 연속적으로 이동상 조성이 시간의 흐름에 따라 변화는 경사 gradient 용리로 분류할 수 있다.

③ 칼럼 column

칼럼은 관 모양의 용기에 충전제를 채워서 만들어지며, 분석하고자 하는 시료의 종류에 따라 칼럼의 크기 및 충전제의 종류를 선택하여 사용해야 한다. 칼럼의 주요 기능은 혼합상태의 시료를 화학적 또는 물리적 특성에 따른 관에서의 보존 정도의 차이에 의하여 성분들을 분리하는 것이다.

칼럼(고정상)은 충전제 특성(순상, 역상, 이온교환 칼럼 등), 충전물의 입자크기, 칼럼의 내경과 길이 등에 의해 다양한 분리능을 나타내므로 분석 목적에 알맞은 칼럼을 선택해서 사용해야 한다. 보통 역상칼럼을 주로 사용하고 있으며 제조회사마다 각기 다른 특징을 가지고 있기 때문에 칼럼의 선택은 매우 중요하다. 또한 가격이 비싸고 소모성이기는 하지만 잘 유지 · 관리된 칼럼은 장기간 사용 가능하며 분리능을 계속 유지할 수 있다.

④ 칼럼온도조절기

칼럼온도조절기는 분리능 향상 및 분석결과의 재현성 보장을 위한 칼럼온도를 적절하게 설정 및 유지하기 위한 장치이다.

⑤ 검출기

검출기는 칼럼에서 분리된 시료가 일정한 간격으로 검출기를 통과할 때 시료의 존재 및 양을 일정한 규칙에 의해 인식하여 전기적인 신호로 바꾸어주는 역할을 수행한다. 이러한 검출기의 종류는 자외선/가시광선 검출기 UV/Vis, 굴절률 검출기 Refractive detector, 형광 검출기 Fluorescence detector, 전기화학 검출기 Electrochemical detector 및 전도도 검출기 Conductivity detector 등이 있다. 분석물질에 따라 검출기를 선택해야 하며, 또한 감도가 높고 안정성 및 재현성이 있어야 하고, 표준물질의 농도변화에 따른 직선성이 있어야 한다. 주로 사용되는 검출기의 종류에 따른 특성은 표 11-10 과 같다.

표 11-10 주요 검출기의 특성

검출기	특징	응용분야
자외선/ 가시광선 검출기	• Variable wavelength detection type – 특정 파장 하나만 지정하여 측정 가능 • Diode array detection type – 신속한 전 파장 스펙트럼 확인 – 다파장 검출가능	아마이드, 지방산, 펩티드, 단백질, 레티놀 등
형광 검출기	• 분자구조가 형광을 띠거나 형광유도체 필요 • 발광량 : 시료 농도에 비례	혈액 quinidine과 그 대사물, 유도체화된 아미노산, 비타민, 곰팡이독소 등
굴절률 검출기	• 셀은 기준 셀(reference cell)과 시료 셀(sample cell)로 구성 • 기준 셀은 이동상으로 채워지며, 분석시간 동안 이동상은 시료 셀만 통과하면서 흐름 • 주로 고분자 및 당 분석에 이용 • UV/Vis, 전도도 검출이 어려운 시료에 이용 • 온도 및 진동에 민감	당, 지방, 폴리머분석(GPC)

실험 31

HPLC를 이용한 식품 중의 성분분석

【커피 중의 카페인 분석】

1. 원리

자외부 복사선을 흡수하는 식품성분을 HPLC로 분석하는 원리와 응용방법의 이해를 실험목적으로 한다. 역상(C18) 칼럼과 물/메탄올/초산 CH_2O/MeOH/acetic acid를 이동상으로 하여 카페인을 분리시켜 자외선 검출기 UV-detector로 검출한다. 카페인은 표준물질을 사용하여 검량선을 작성하고, 미지시료(커피, 녹차, 홍차 등)의 유지 시간과 피크면적을 측정하여 정량한다. 이때 이동상은 사전에 멤브레인필터 membrane filter로 감압 여과하여 탈기시킨 후 사용한다.

2. 기구 및 시약

HPLC system(역상(C18)칼럼, UV detector 外), 이동상(MeOH:Acetic acid: H_2O = 20:1:79), 메탄올 methanol(HPLC grade), water(초순수), acetic acid(HPLC grade), 카페인(표준품), 시판 커피, 녹차, 홍차, 이소프로탄올 isopropanol

3. 방법

① 카페인 표준용액 조제

카페인 0.01g을 100mL 메스플라스크에 증류수로 녹여 100ppm의 저장용액을 만든 후, 이 용액을 희석하여 1, 5, 10, 20, 30, 40ppm의 표준용액을 조제한다.

② 시료용액 조제

- 가루커피: 8g을 100℃의 물 100mL에 용해시킨 후 냉각한다.
- 캔커피: 캔음료에 함유된 유지방, 식물성 지방, 단백질 등의 영향을 없애기 위해 지방과 단백질을 이소프로판올 isopropanol로 침전시킨 후 Sep-pak 카트리지 cartridge를 통과시킨다.
- 녹차 : 6g을 약 80℃의 물 150mL에 2분간 침출시킨다.

- 홍차 : 2g을 약 100℃의 물 120mL에 2분간 침출시킨다.

③ 시험조작

먼저 Sep-pak cartridge를 메탄올과 물을 차례로 10mL씩 주입하여 습윤, 세척한다. 여기에 시료용액들을 Sep-pak cartridge에 5mL씩 통과시키고 여액은 버린다. 그 후 이동상 용매(Methanol:acetic acid:water=20:1:79) 15mL로 용출하여 0.45μm 멤브레인필터 membrane filter로 여과한 것을 HPLC 주입용 시료로 사용한다.

④ 측정파장선택

카페인 표준용액(10ppm)의 흡수스펙트럼(대조용액: 이동상)을 측정하여 최대흡수파장(약 280nm)를 확인한다.

⑤ HPLC 조건

이동상(Methanol:acetic acid:water=20:1:79), 흐름속도(1.0mL/min), 측정파장(280nm), 시료주입량(10μL)

⑥ 검량선 작성

각각의 표준용액을 10μL 주입하여 얻은 크로마토그램에서 각각의 농도에 대한 피크면적과의 검량선을 작성한다.

⑦ 시료 중의 카페인 분석

시료용액을 주입하여 나온 크로마토그램에서 카페인 피크의 유지 시간을 비교한 후 카페인의 피크면적을 검량선에 대입하여 커피 중의 카페인 함량을 구한다.

4. 결과

5. 고찰

- 카페인

6. 참고자료

【주스 중의 당류의 정성 및 정량 분석】

1. 원리

굴절률검출기의 원리이해 및 이용기술의 습득을 실험목적으로 한다. 당류는 자외선 흡수가 없으므로 자외선검출기를 이용할 수 없으나, 굴절률을 측정하면 검출이 가능하다. 일정 온도에서 탄수화물 칼럼을 통해 분리되는 식품 중의 당 성분(과당, 포도당, 자당)의 굴절률 변화를 측정하여 오렌지주스 중의 당 성분을 분리 정량할 수 있다.

2. 기구 및 시약

HPLC system(탄수화물 칼럼, 굴절률검출기 外), acetonitrile(HPLC grade), water(초순수), 표준품(과당, 포도당, 자당), 오렌지주스

3. 방법

1) 표준용액의 제조

과당, 포도당, 자당의 표준품을 각각 0.25g씩 10mL 메스플라스크 vloumetric flask에 정확히 달아 5mL의 물(초순수)로 녹인 후 아세토니트릴 acetonitrile로 표선까지 채운다(25mg/mL이 되도록 각각의 표준용액을 제조). 이 용액을 2,500ppm, 1,250ppm, 250ppm, 125ppm, 25ppm이 되도록 희석한다.

2) 시료용액의 제조

오렌지주스를 0.45㎛ 멤브레인필터 membrane filter로 여과한 후 100mL 메스플라스크에 2mL를 취하여 'acetonitrile:water=1:1' 로 표선까지 채운다.

3) HPLC 조건

이동상(acetonitrile/pure water(83:17)), 흐름속도(2.0mL/min), 칼럼온도(35℃), 굴절률검출기, 시료주입량(10㎕)

4) 검량선 작성

각각의 표준용액을 10μL 주입하여 얻은 크로마토그램을 각각의 농도에 대한 피크 면적과의 검량선을 작성한다.

5) 주스 중 당 분석

주스 용액을 10μL 주입하여 얻은 크로마토그램에서 피크의 보존 시간을 비교하여 당 성분이 함유되어 있는지 확인하고 그 함량을 검량선에 대입하여 구한다.

Tip

유의사항

① HPLC를 이용한 분석 후 제일 중요한 것은 세척이다. 보통 30~60분 정도 소요된다. 일반적으로 순수 유기용매를 이동상으로 사용한 경우에는 이 용매로 세척을 실시하는 것이 좋다. 그러나 완충용액을 이동상으로 사용한 경우에는 염의 생성 가능성이 있으므로 먼저 물로 30분 정도 세척한 후 물과 ACN(acetonitrile)의 혼합액(4:6 또는 3:7)으로 30분 정도 세척해야 한다.

② 장기간 칼럼을 사용하지 않을 경우에는 칼럼 내부를 ACN으로 충전한 후 마개를 막고 보관해야 오래 사용할 수 있다.

4. 결과

5. 고찰

6. 참고자료

2) 기체크로마토그래피 GC

(1) 원리

이동상으로 기체를 사용하는 기체크로마토그래피 chromatography는 액체를 사용하는 액체크로마토그래피와 구별된다. 기체크로마토그래피(GC)는 고정상의 종류에 따라 기체-액체 크로마토그래피 gas-liquid chromatography, GLC와 기체-고체 크로마토그래피 gas-solid chromatography, GSC로 분류된다.

GLC는 주로 시료 성분과 고정상 간의 흡착 평형의 차이에 따라 분리가 이루어지며 주로 기체를 분석하는 데 이용된다. 고정상으로는 실리카겔, charcoal, 몰레큘러시브 molecular sieve, 다공성 중합체 등이 있다. GLC는 고체 지지체에 얇은 막으로 입히거나 화학적으로 결합시킨 액체를 고정상으로 사용하며 이동상과 액체 고정상 사이의 분배에 의해 분리가 일어난다. 액체 고정상을 쉽게 얻을 수 있고 분석하고자 하는 시료의 특성에 따라 다양하게 선택할 수 있기 때문에 GLC는 GSC보다 훨씬 광범위하게 응용된다. 기화성이 같은 물질이라도 고정상과의 상호작용(배향 힘, 유발 힘, 수소결합 힘, 분산 힘)이 다를 수 있으므로 분리가 가능하다.

그림 11-9 | 기체크로마토그래피 GC의 기본 구조

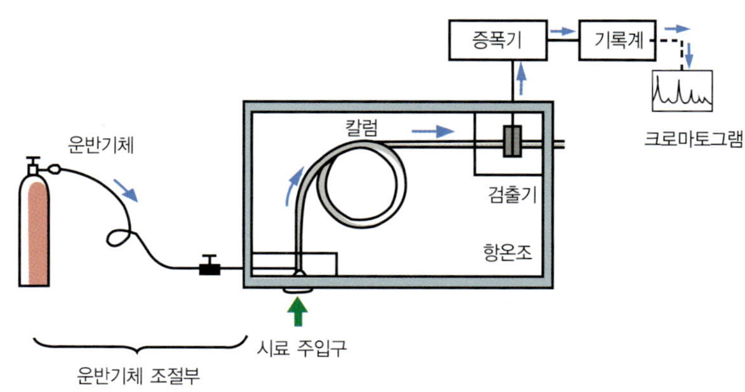

(2) GC의 구성 및 특성

① 운반기체 carrier gas

일반적으로 사용하는 운반기체는 수분 또는 불순물이 없는 고순도의 헬륨 He, 수소 H_2, 질소 N_2, 아르곤 Ar 등의 비활성 기체이며, 검출기의 특성에 따라 선택한다. 불순물이 함유된 운반기체를 사용하면 시료와 상호작용을 일으켜 봉우리 모양에 변형이 생기거나 유령 봉우리 ghost peak가 나타나고, 바탕선 baseline이 상승하는 현상이 발생하며, 특히 수분이 지나치게 많으면 칼럼 또는 검출기의 수명이 단축되기도 한다. 운반기체의 순도는 기체 실린더와 GC 사이에 moisture trap(분자체 충전, 수분제거용), oxygen trap(산소제거용) 등을 통과시켜 순도를 높일 수 있다.

② 시료 주입부

시료 일정량을 기화부로 주입하는 장치로 운반기체를 미리 가열하기 위한 모세관 코일, 시료를 가열하여 운반기체의 흐름에 실어주는 기화실, 그리고 칼럼 크기에 따라 적절히 사용할 수 있는 연결장치 등으로 구성되어 있다. 또한 자동 시료주입기는 다수의 시료를 연속적으로 주입할 수 있는 장치로서, 장치의 용량에 따라 여러 개의 시료를 한 번에 장착할 수 있다.

③ 칼럼 column

칼럼에는 두 가지의 기본형, 즉 충전형과 모세관형이 있다. 충전형 칼럼 packed column은 내경 1~4mm, 길이 1~5m 정도의 스테인리스나 유리로 된 가는 판에 고정상 액체를 표면에 분산시킨 불활성 담체를 채운 것이다. 고정상은 단지 담체 위에 피복된 경우도 있지만 공유결합에 의하여 화학적으로 결합된 결합상인 것도 있다. 모세관형 칼럼 capillary column은 충전제를 쓰지 않고 속이 빈 구조로 되어 있어 운반기체의 투과성이 좋다. 또한 내경이 0.1~0.5mm이고 길이가 10~100m로 가늘고 길어서 칼럼효율이 매우 높으므로 다성분 혼합시료의 분리에 매우 효과적이다.

④ 항온조

칼럼 오븐 column oven은 내부용적이 분석에 필요한 길이의 분리관을 수용할 수 있는 크기여야 하며 임의의 일정 온도를 유지할 수 있는 가열기구, 온도조절기구, 온도측정기구 등으로 구성된다. 또 승온 기체크로마토그래프에서는 승온기구 및 냉각기구를 부가한다.

검출기 오븐 detector oven은 검출기를 한 개 또는 여러 개 수용할 수 있고 분리관 오븐과 동일하거나 그 이상의 온도를 유지할 수 있는 가열기구, 온도조절기구 및 온도측정기구를 갖춰야 한다. 방사성 동위원소를 사용하는 검출기를 수용하는 검출기 오븐은 온도조절기구와는 별도로 독립 작동할 수 있는 과열방지기구를 설치해야 한다. 가스를 연소시키는 검출기를 수용하는 검출기 오븐은 그 가스가 오븐 내에 오래 체류하지 않도록 된 구조이어야 한다.

⑤ 검출기 detector

검출기는 운반기체 중에 혼합되어 있는 시료의 양을 각종 감응장치를 통해 전기적 신호로 나타내는 장치로, 현재 주로 사용되고 있는 GC용 검출기는 다음과 같다.

■ 열전도도 검출기 Thermal Conductivity Detector, TCD

열전도도 검출기는 금속 필라멘트 또는 전기저항체를 검출소자로 하여 금속판 안에 들어 있는 본체와 여기에 안정된 직류전기를 공급하는 전원회로, 전류조절부, 신호검출 전기회로, 신호 감쇄부 등으로 구성되어 있다.

■ 불꽃 이온화 검출기 Flame Ionization Detector, FID

수소불꽃 이온화 검출기는 수소연소노즐, 이온수집기와 함께 대극 및 배기구로 구성되는 본체와 이 전극 사이에 직류전압을 주어 흐르는 이온전류를 측정하기 위한 직류전압 변환회로, 감도조절부, 신호감쇄부 등으로 구성되어 있다.

■ 전자포획 검출기 Electron Capture Detector, ECD

질소 또는 아르곤과 메탄의 혼합물을 운반기체로 하여 이온화하고 전극 사이에 전압을 걸면 일정한 전류가 흐른다. 여기에 친전자성 물질이 들어오면 전자를 잡아서 음이온이 되어 이동속도가 늦어진다. 또 음이온은 양이온과 결합하기 쉬우므로 전극 사이의 전류가 감소하여 친전자성 물질을 선택적으로 검출할 수 있다. 따라서 ECD는 포화탄화수소, 케톤 및 알코올 등에 대해서 거의 응답하지 않으나 할로겐, 인, 니트로기 및 황산에스테르 등을 포함한 화합물에 대해서는 고감도로 검출할 수 있다.

■ 불꽃광도형 검출기 Flame Photometric Detector, FPD

불꽃광도형 검출기는 수소불꽃에 의하여 시료 성분을 연소시키고 이때 발생하는 불꽃의 광도를 분광학적으로 측정하는 방법으로서 인 또는 유황화합물을 선택적으로 검출할 수 있다. 운반가스와 조연가스의 혼합부, 수소공급부, 연소노즐, 광학필터, 광전자 증배관 및 전원 등으로 구성되어 있다.

■ 기록계 recorder

크로마토그램상에서 얻어진 각 성분의 위치는 유지시간 retention time 또는 유지용량으로 이들은 일정 조건하에서 각 물질의 특유한 값을 나타낸다. 시료 분자의 존재로 생기는 이온의 모든 전하를 집계하는 적분계 integrator는 정량분석용으로서 편리하다.

(3) 기체크로마토그램의 분석

① 정성분석

피크의 정성이나 동정은 시료 성분의 유지시간 retention time, Rt을 표준물질의 유지시간과 비교하여 분석한다. 유지시간 Rt이란 시료가 칼럼을 통과하는 데에 필요한 시간으로 그림 11-10에서 Rt는 본래 시료의 도입점 S에서 시료 피크의 도달점 C까지의 시간을 말하지만, 실제로는 시료 중의 공기 피크가 나타나는 점 A에서 시료 피크의 도달점 C까지의 시간을 의미하는 경우가 많다(보정유지시간). 시료용액을 주입했을 경우 S와 A 간의 거리는 칼럼 중의 사용적(死容積)에 상당하기 때문이다. 일반적으로 공기 피크의 직후에 용매 피크가 나타나기 때문에 이 지점 A′에서 시료 피크의 도달점까지의 거리 A′C를 유지시간으로 하여도 무방하다. 그러나 어떤 조건에서 얻어지는 하나의 피크가 한 가지 물질에 반드시 대응한다고 단정할 수는 없으므로 고정상 또는 칼럼 온도를 변경하여 측정하거나 또는 다른 방법으로 정성이 가능한 경우에는 이 방법을 병용하는 것이 좋다.

그림 11-10 | 기체크로마토그램의 유지시간

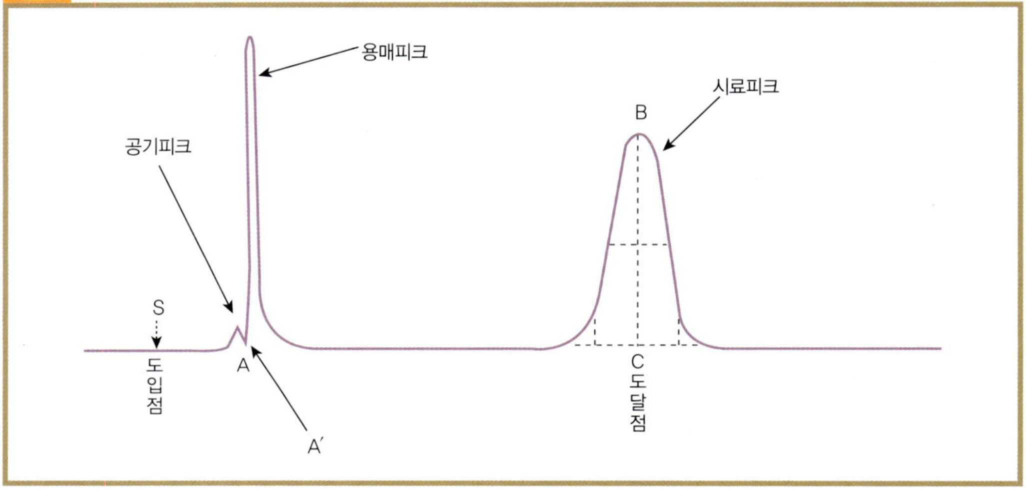

② 정량분석

정량은 피크 상호 간의 면적비를 구하여 행한다. 면적비는 성분의 중량비 또는 몰비를 엄밀하게 나타내지 못하기 때문에 그들 성분의 상대감도를 구하여 보정한다. 절대량은 시료에 유사한 기지물질(내부 표준물질)의 일정량을 가하여 분석하고, 그 피크의 면적에 대한 비율로부터 구할 수 있다.

■ 절대검량선법

정량하려는 성분으로 된 표준물질을 단계적으로 취하여 크로마토그램을 기록하고 피크 면적 또는 피크 높이를 구하여 검량선을 작성하고, 동일 조건하에 시료를 도입하여 크로마토그램을 기록하고 피크 넓이(또는 피크 높이)로부터 검량선에 따라 분석하려는 각 성분의 절대량을 구하여 그 조성을 결정한다.

■ 넓이백분율법

크로마토그램으로부터 얻은 시료 각 성분의 피크 면적을 측정하고 그것들의 합을 100으로 하여, 이에 대한 각각의 피크면적의 비를 각 성분의 함유율로 한다. 이 방법은 도입 시료의 모든 성분이 용출되며, 각 성분의 상대감도가 같다고 간주되는 경우에 적용한다.

■ 내부 표준법

정량하려는 성분의 순물질 X 일정량에 내부 표준물질 S의 일정량을 가한 혼합시료의 크로마토그램을 기록하여 피크면적을 측정한다. 가로축에 정량하려는 성분량 M_X과 내부 표준물질량 M_S의 비 M_X/M_S를 취하고 분석시료의 크로마토그램에서 측정한 정량할 성분의 피크면적 A_X과 표준물질 피크면적 A_S의 비 A_X/A_S를 취하여 검량선을 작성한다. 내부 표준물질에는 그 피크가 정량하려는 성분 피크의 위치에 가능한 한 가깝고 시료 중의 다른 성분 피크와도 완전하게 분리되는 안전한 물질을 선택한다.

(4) GC의 분석순서

① 반응성이 강한 물질은 칼럼 내에서 반응하여 분리가 잘되지 않을 뿐만 아니라 장치를 손상시키므로 GC분석을 피해야 한다.

② 불휘발분, 특히 불휘발성의 산 · 알칼리 · 산화제를 함유하는 시료를 그대로 도입할 필요가 있을 때는 도입부에 잔존물이 분석에 미치는 영향을 충분히 고려하여 분석 종료 후 그것을 완전히 제거해 둔다.

③ 휘발성이 낮은 물질, 흡착성이 강한 물질, 열분해 및 변질을 일으키는 물질, 그대로는 분리가 곤란한 물질, 그 상태로는 감도 부족으로 분석이 어려운 물질은 적당한 휘발성 물질로 유도체화한 후 시료로 사용해야 한다.

④ 칼럼 선정 시 많은 분리 예가 도시되어 있으므로 새로운 충전제 카탈로그를 참고하면 좋다.

(5) 일반적인 실험조작법

장치의 취급은 취급설명서를 충분히 잘 읽고 그 지시에 따른다. 설명서에는 이상의 원인, 대책, 보수점검법 등도 쓰여 있으므로 마찬가지로 충분히 숙지하도록 한다. 일반적인 조작 주의점은 다음과 같다.

① 먼저 이동가스를 흘린다. 안지름 3mm의 칼럼의 경우는 일단 30mL/min을 기준으로 한다. 이동가스를 흘리지 않고 TCD의 cell에 전류를 통해 주어서는 안 된다.

② 시료를 최초로 분석할 때는 칼럼 온도를 높게 한 후 현상을 파악한 다음 온도를 낮추어 최적온도로 설정하고, 운반기체의 유량 등을 재조정한다.

③ 검출부 온도는 고비등점 성분이 응축하지 않는 온도로 한다. 보통 칼럼 온도와 같은 정도로 한다.

④ 주입구의 온도는 시료가 신속히 기화될 수 있는 온도로 한다. 일반적으로 칼럼 온도보다 50℃ 정도 높게 한다. 기화가 신속하게 되지 않으면 좋은 결과를 얻을 수 없다.

⑤ 승온 분석을 반복할 때는 칼럼 온도가 완전히 초기온도로 복원하는 것을 기다린다.

⑥ 칼럼 온도를 칼럼의 최고사용온도 이상으로 올리면 안 된다.

CHAPTER **12**

식품미생물 실험

1. 배지의 조제 및 접종

| 식품(산업)기사 실기 작업형 미생물 실험 14 | 배지의 조제 및 접종

실험 32

1. 실험원리

1) 배지의 종류

① 평판배지 : 페트리접시Petri dish에 배지를 약 5mm 두께(15~20mL)로 넣어 굳힌 것으로 주로 생균수 측정 및 미생물의 분리 배양에 사용한다.

② 사면배지 : 시험관에 배지가 경사면이 되도록 굳힌 것으로 호기성 미생물의 증식, 보존에 사용한다.

③ 고층배지 : 시험관을 세운 채로 배지를 굳힌 것으로 혐기성 세균의 보존, 세균의 운동성 검사 등에 사용한다.

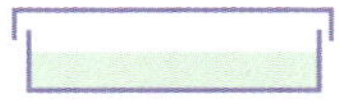
평판배지

사면배지

고층배지

2) 접종용 기구

① 백금이 : 백금 또는 니크롬 재질로 끝이 원형으로 되어 있으며 액체배지, 사면배지 및 평판배지의 미생물 접종에 사용한다.

② 백금선 : 끝이 뾰족한 것으로 고층배지에서 혐기성 세균의 접종(천자 배양)에 사용한다.

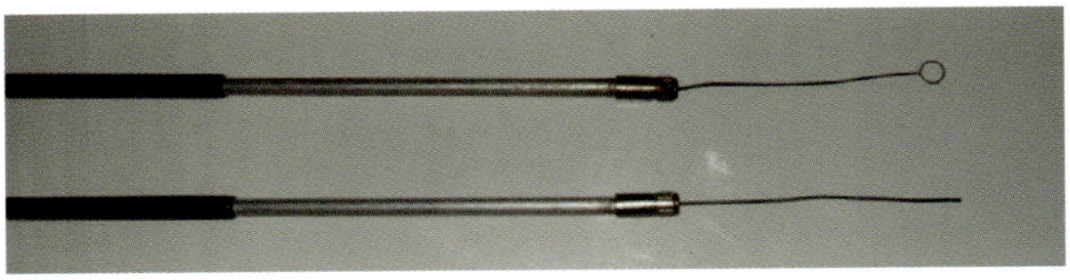

백금이

백금선

2. 시약 및 기구

- 백금이
- 백금선
- 시험관
- 페트리접시
- 고압증기멸균기
- 알코올램프
- 보통한천배지(Nutrient Agar)

Peptone ·· 5.0g

Beef Extract ··· 3.0g

Agar ··· 15.0g

* 위의 성분을 증류수 1,000mL에 녹여 pH 6.8±0.2로 조정한 후 121℃에서 15분간 멸균한다.

3. 실험방법

【시험장에서의 과제】

① 평판배지와 사면(고층)배지 제조하기

② 접종하기

③ 배양하기

④ 묻고 답하기

1) 배지 만들기

(1) 준비단계

① 소독용 알코올(70% 에탄올)로 실험대를 소독한다.

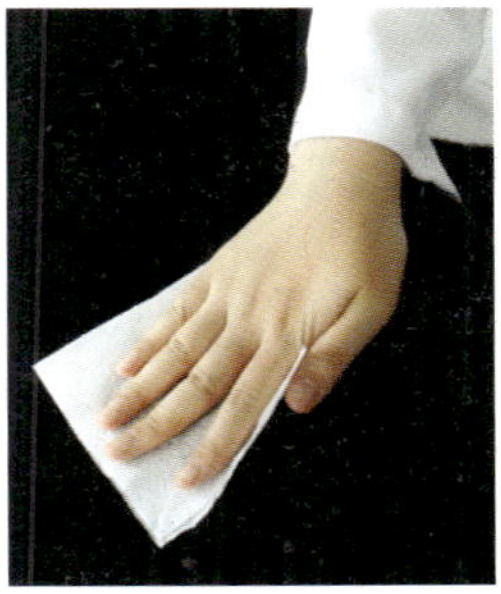

② 소독용 알코올(70% 에탄올)로 손을 소독한다.

식품(산업)기사 시험장에서 모든 미생물 과제는 필수적으로 실험대 및 손 소독을 수행하여야 한다.

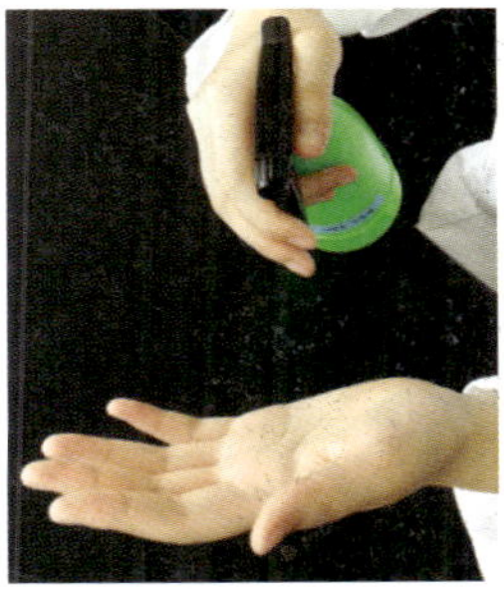

(2) 평판배지 만들기

① 45~50℃ 정도로 냉각된 멸균배지의 플라스크 입구를 알코올램프로 화염멸균burning sterilization을 한다.

② 알코올램프 가까이에서 페트리접시의 뚜껑을 조금 열고 페트리접시의 반 정도(15~20mL)가 되게 배지를 붓는다.

③ 뚜껑을 닫은 후 굳어질 때까지 실온에 방치한다.

> 무균 실험대clean bench에서 수행할 경우 수증기를 제거하기 위하여 뚜껑을 살짝 걸쳐 놓기도 한다.

④ 완전히 굳은 후에 뚜껑에 응축수가 생성되는 것을 방지하기 위하여 페트리접시를 뒤집어 놓는다.

(3) 고층배지, 사면배지 만들기

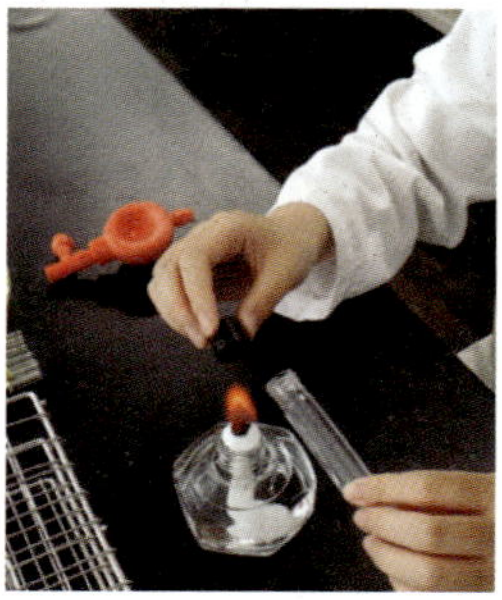

① 시험관의 뚜껑과 입구를 멸균하고 뚜껑을 연 다음 뚜껑을 시험관에 살짝 걸쳐 둔다.

② 멸균배지의 플라스크 입구를 알코올램프로 화염멸균을 하고 뚜껑을 플라스크에 살짝 걸쳐 둔다.

③ 멸균된 피펫의 끝을 화염멸균 한다.

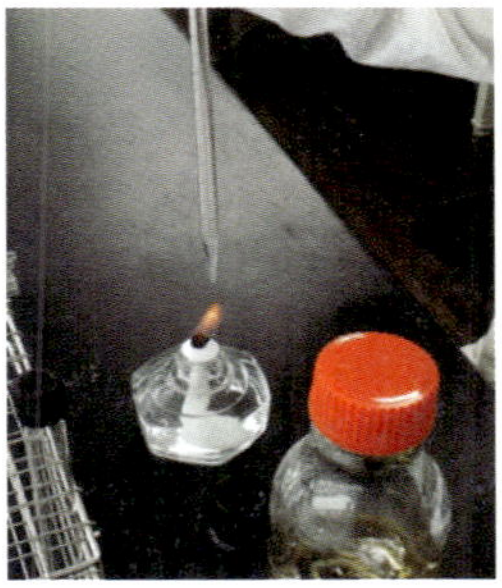

④ 피펫으로 배지 약 5~10mL를 취한다.

> 제공되는 시험관의 약 1/3이 되도록 용량을 조절한다.

⑤ 시험관에 걸쳐 둔 뚜껑을 바닥에 뒤집어 둔다.

⑥ 시험관 입구를 화염멸균 한 뒤 피펫으로 취한 배지를 시험관에 주입한다.

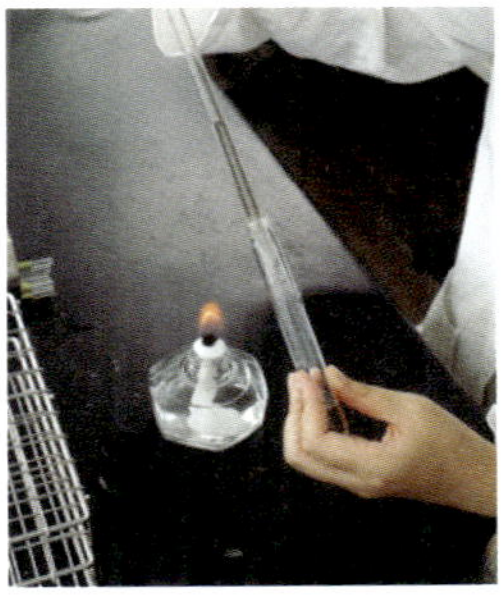

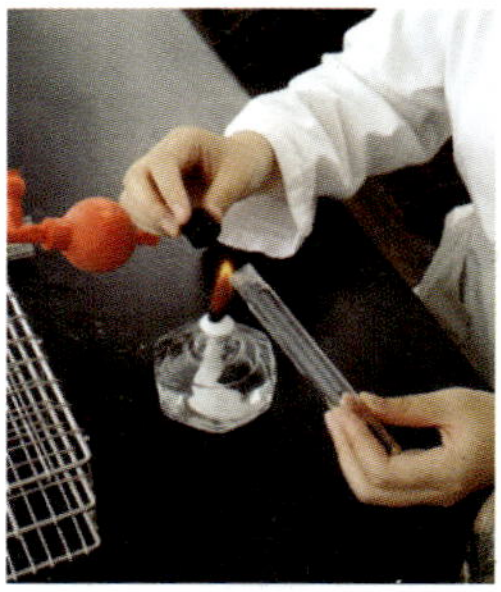

⑦ 시험관 입구와 뚜껑을 화염멸균 하고 뚜껑을 닫는다.

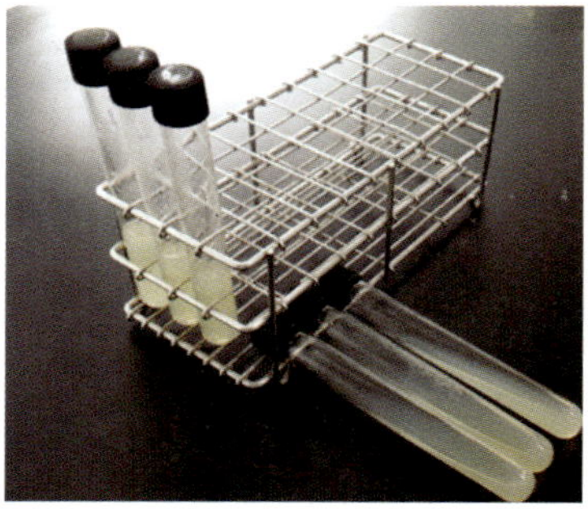

⑧ 사면배지는 시험관을 경사지게 하여 굳힌다.

⑨ 고층배지는 시험관대에 바르게 세워 굳힌다.

- 경사지게 하기 위하여 시험관대 또는 제공된 피펫을 이용한다.
- 경사 각도는 시험관 크기 및 주입된 배지 양에 따라 다르게 한다.
- 시험관을 기울였을 때 배지가 시험관 입구에 닿지 않도록 한다.

【실험실에서의 제조법】

- 실험실에서는 시험장에서와 달리 다음과 같이 사면배지와 고층배지를 제조한다.

① 한천이 들어간 배지를 가열하여 용해시킨다.
② 시험관의 1/3 정도 되게 배지를 분주한다.
③ 마개를 한 후 121℃에서 15~20분간 고압증기멸균autoclave method을 한다.
④ 사면배지는 시험관을 경사지게 하여 굳힌다.
⑤ 고층배지는 시험관대에 바르게 세워 굳힌다.

2) 접종하기

(1) 준비단계

① 소독용 알코올로 실험대 및 손을 소독한다.

② 알코올램프를 켠다.

(2) 접종기구 멸균하기

① 접종기구의 끝부분을 알코올램프 안 불꽃 내에 넣었다가 서서히 바깥 불꽃으로 옮겨 멸균한다. 바로 바깥 불꽃에서 가열하면 접종기구에 부착되어 있는 균체가 주변으로 확산되어 오염될 우려가 있다.

② 접종기구의 자루 부분까지 화염멸균 한다.

③ 화염멸균 한 접종기구를 공기 중에서 냉각시킨다. 화염멸균 직후 바로 배지의 집락이 없는 부분에서 백금이를 냉각시키면 배지에 흔적이 남아서 보기에 좋지 않을 뿐만 아니라 배지 성분이 튀어서 집락colony과 혼동하기 쉽다. 따라서 접종기구를 공기 중에서 냉각시킨 후 배지 가장자리에 접종기구가 완전히 냉각되었는지 여부를 확인하는 정도로 배지에 접촉시키는 것이 좋다.

④ 액체배지에서 균체를 채취하는 경우 접종기구를 공기 중에서 적당히 냉각시킨 다음 액체배지의 균을 채취한다.

안 불꽃에서 멸균

바깥 불꽃에서 멸균

자루 멸균

(3) 균 채취하기

■ 액체배지, 사면배지에서 균 채취하기

① 접종기구를 화염멸균 한 다음 냉각한다

② 균이 배양된 시험관 뚜껑을 화염멸균 한 다음 접종기구를 잡은 손의 손바닥으로 뚜껑을 잡는다.

③ 시험관을 돌려 뚜껑을 열고 입구를 다시 화염멸균 한다.

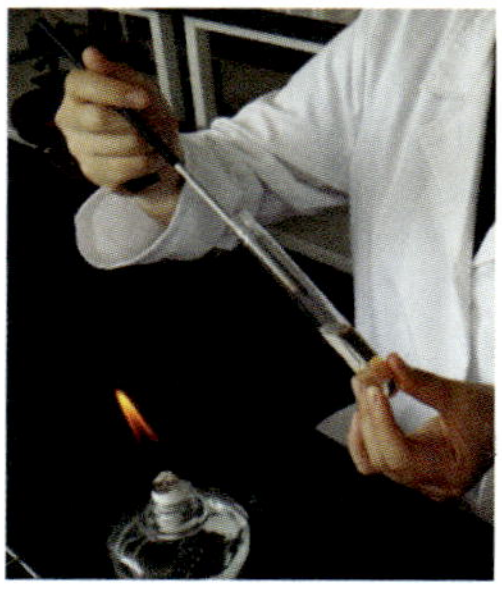

④ 냉각된 접종기구로 균을 채취한다.

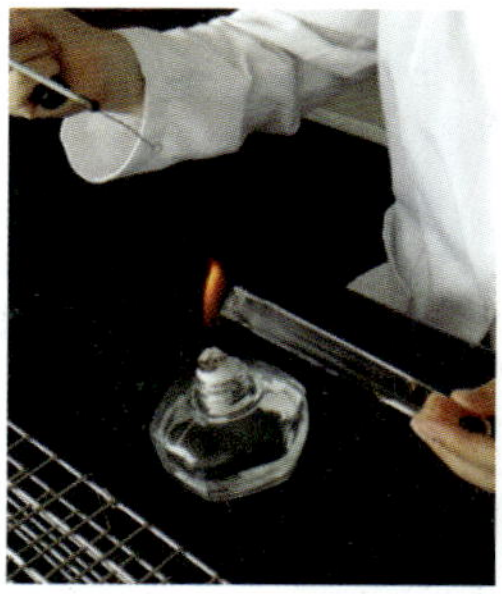

⑤ 시험관의 입구와 뚜껑을 화염멸균 한다.

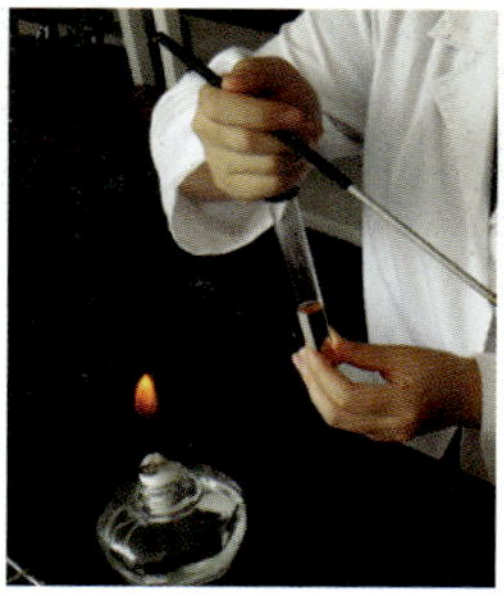

⑥ 시험관의 뚜껑을 닫는다.

■ 평판배지에서 균 채취하기

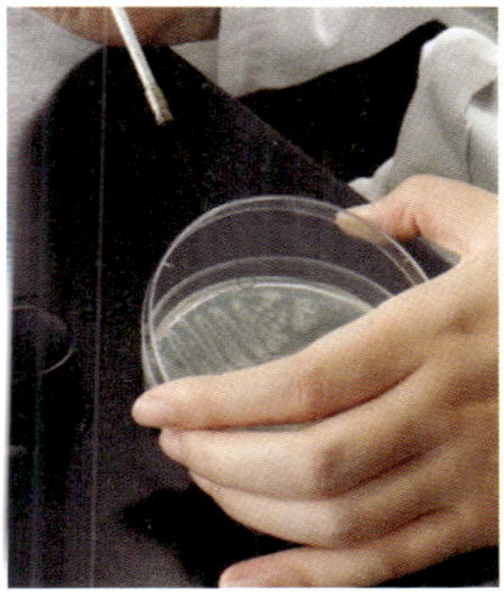

① 접종기구를 화염멸균 한 후 냉각한다.

② 페트리접시를 바닥에 놓고 뚜껑을 살짝 연 후 멸균된 접종기구로 균을 채취한다.

③ 배지에 접종기구를 직각으로 접촉시키면 접종기구가 집락 밑의 배지까지 들어갈 가능성이 있기 때문에 배지표면과 접종기구를 평행에 가까운 상태로 접종기구 끝으로 집락의 상부를 가볍게 접촉하여 집락을 채취한다.

> 집락을 채취하는 배지가 선택배지인 경우 발육이 억제되어 집락을 형성하지 않고 있는 생균이 배지 상에 존재할 수 있다. 따라서 이들 균에 의해 접종기구가 오염될 가능성이 있어 채취에 주의해야 한다.

(4) 접종하기

■ 사면배지에 접종하기

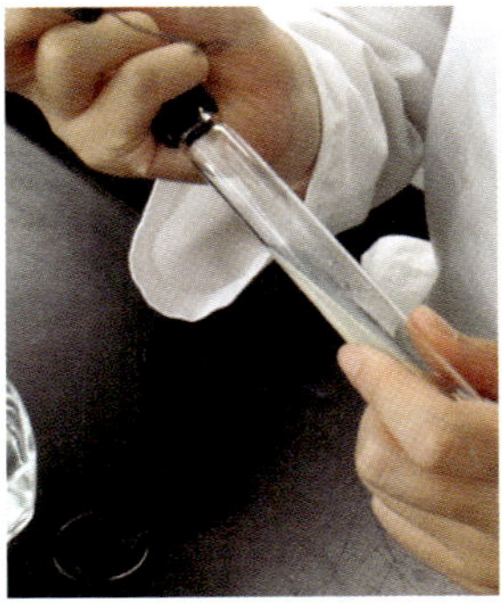

① 백금이를 잡은 손의 손바닥으로 사면배지 시험관 뚜껑을 잡고 시험관을 돌려 연다.

② 사면배지 입구를 화염멸균 한다.

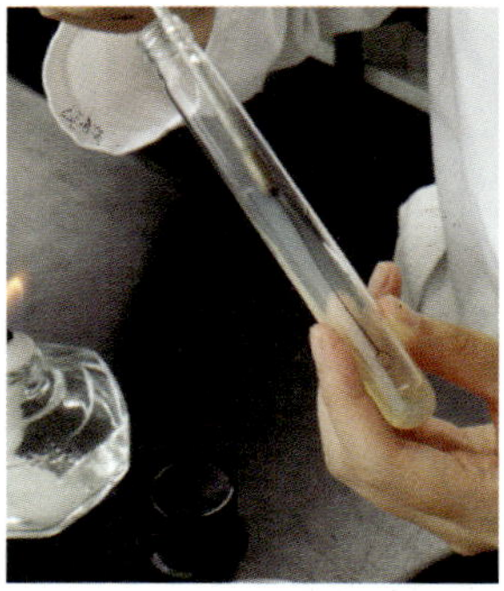

③ 균을 채취한 백금이를 시험관 벽면에 닿지 않게 하면서 사면배지 끝까지 넣고 아래에서 위로 지그재그로 접종한다.

④ 배지 입구를 화염멸균 하고 뚜껑을 닫고 시험관대에 놓는다.

⑤ 사용한 백금이도 화염멸균 한다.

■ 고층배지에 접종하기

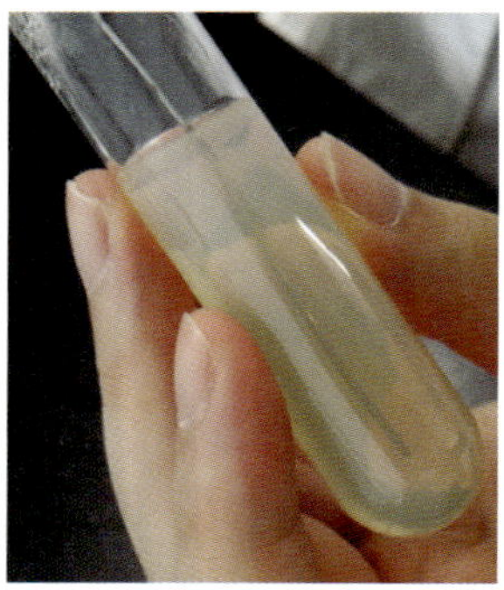

① 백금선을 잡은 손의 손바닥으로 사면배지 시험관 뚜껑을 잡고 시험관을 돌려 연다.

② 사면배지 입구를 화염멸균 한다.

③ 균을 채취한 백금선을 고층배지 중앙부 바닥 약 5mm 정도까지 밑으로 직선이 되도록 접종한다.

④ 배지 입구를 화염멸균 하고 뚜껑을 닫고 시험관대에 놓는다.

⑤ 사용한 백금선도 화염멸균 한다.

■ 평판배지에 접종하기(획선 도말법)

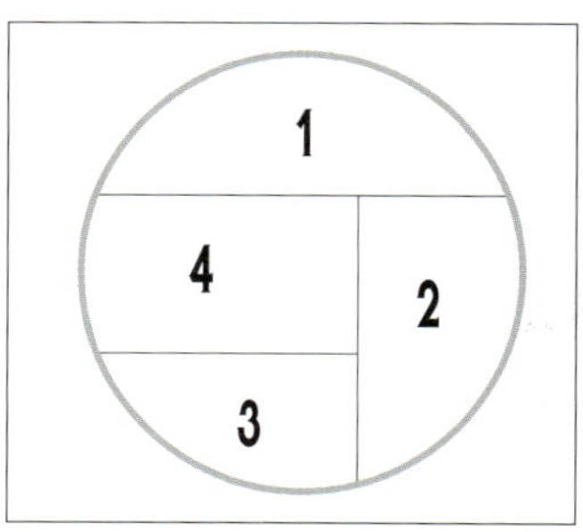

① 평판배지 바닥의 가장자리에 날짜, 검체명 등을 적는다.

② 평판배지를 가상으로 네 구역으로 나눈다.

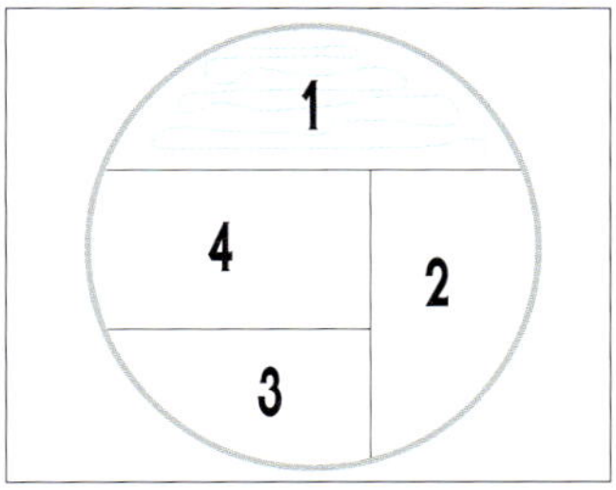

③ 백금이를 화염멸균 한 다음 공기 중에서 냉각한다.

④ 균을 백금이로 채취하고 배지의 뚜껑을 조금 열고 1번 구역에 획선 도말한다

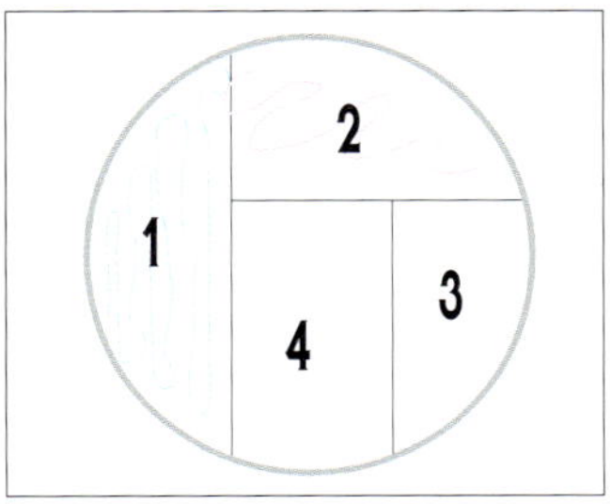

⑤ 평판을 90° 돌린다.

⑥ 백금이를 화염멸균 하고 공기 중에서 냉각한다.

⑦ 백금이로 1번과 약간 중첩이 되도록 2번 구역에 획선 도말한다

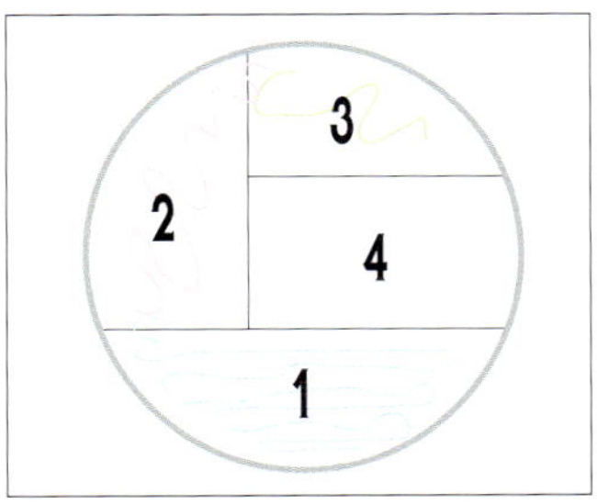

⑧ 평판을 90° 돌린다.

⑨ 백금이를 화염멸균 하고 공기 중에서 냉각한다.

⑩ 백금이로 2번과 약간 중첩이 되도록 3번 구역에 획선 도말한다.

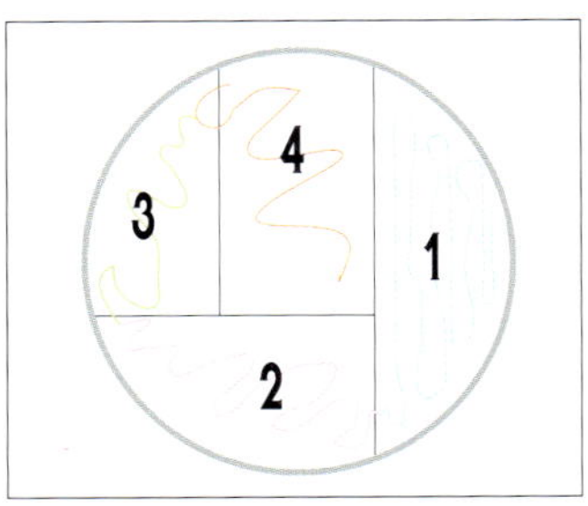

⑪ 평판을 90° 돌린다.

⑫ 백금이를 화염멸균 하고 공기 중에서 냉각한다.

⑬ 백금이로 3번과 약간 중첩이 되도록 4번 구역에 획선 도말한다.

⑭ 사용이 끝난 백금이는 알코올램프로 화염멸균 한다.

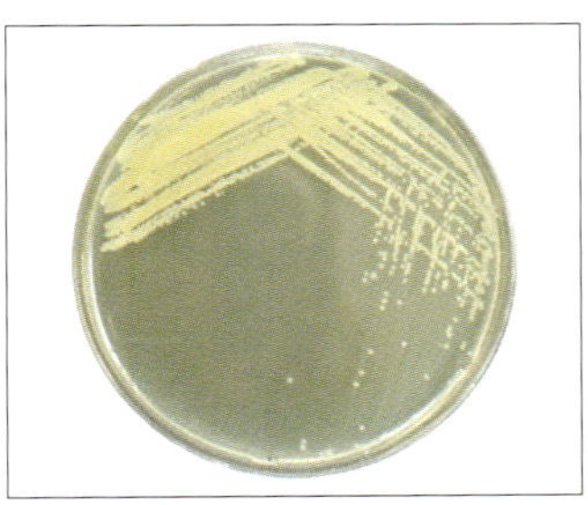

⑮ 분리 배양한 후 형성된 집락의 모양

3) 배양하기

① 사면배지와 고층배지는 시험관대에 꽂아 배양한다.

② 평판배지는 응축수의 생성을 막기 위하여 뒤집어서 배양한다.

4. Q&A

【미생물규격 n, c, m, M에 대해서 설명하시오】

1) n : 검사하기 위한 시료의 수
2) c : 최대허용시료수
3) m : 미생물 허용기준치
4) M : 미생물 최대허용한계치

【뒤집어서 배양하는 이유】

미생물의 대사과정에서 수분(대사수)들이 형성된다. 형성된 수분들은 배지 중의 수분과 증발하여 뚜껑 면에 응축하게 된다. 응축수는 다시 배지로 떨어져 주변에 있는 미생물들이 오염될 수 있고 집락이 퍼져 자라게 된다.

2. 일반세균 검사

| 식품(산업)기사 실기 작업형 미생물 실험 15 | 일반세균 검사

실험 33

1. 실험원리

생균수를 측정하는 방법 중 표준평판법standard plate count은 미생물을 평판배지에 직접 배양하여 얻어진 집락colony을 측정하는 방법이다. 표준평판법은 표준한천배지에 단계적으로 희석한 검체를 혼합, 응고시켜 배양 후 발생한 집락을 계수하여 검체 중의 생균수를 집락형성단위colony forming un t, CFU로 나타낸다.

2. 시약과 기구

- 멸균 희석수(생리식염수, 인산완충용액 등)
- 멸균 피펫
- 페트리접시
- 표준한천배지plate count agar

Tryptone 5.0g
Yeast Extract 2.5g
Dextrose 1.0g
Agar 15.0g

* 위의 성분을 증류수 1,000mL에 녹여 pH 7.0±0.2르 조정한 후 121℃에서 15분간 멸균한다.

3. 실험 방법

【시험장에서의 과제】

① 희석수 제조하기
② 제시된 희석배수로 검체를 단계 희석하기
③ 페트리접시에 희석액 1mL씩 분주하고 배지의 주입 및 배양을 하기
④ 생균수 계산하기

1) 준비단계

① 소독용 알코올(70% 에탄올)로 실험대 및 손을 소독한다.
② 알코올램프를 켠다.

2) 시료 단계 희석

① 멸균된 시험관에 피펫을 이용하여 희석수 9mL씩을 무균적으로 분주한다.
② 멸균 희석수 시험관에 희석배수를 기입한다.

실험은 무균 실험대clean bench에서 수행하는 것으로 가정한다.

③ 희석수 시험관 뚜껑을 멸균하고 시험관에 뚜껑을 살짝 걸쳐 둔다. (10배 희석용)

④ 시료 입구를 멸균한다.

> 일반적으로 요구르트, 커피 등 액체시료가 제공된다.

⑤ 멸균된 피펫으로 시료 1mL를 무균적으로 채취한다.

> 피펫은 원칙적으로 희석하려는 시험관 및 접종 페트리접시의 수에 따라 준비되어야 하지만 일부 시험장에서는 충분히 제공되지 않기 때문에 감독관의 지시에 따른다.

⑥ 희석수 시험관 뚜껑을 바닥에 뒤집어 놓고 시험관에 시료를 주입한다. (10배 희석)

⑦ 시험관 뚜껑과 입구를 멸균하고 뚜껑을 닫은 다음 잘 섞어준다. (10배 희석)

⑧ 10배 희석한 시험관 뚜껑을 멸균하고 뚜껑을 살짝 걸쳐 둔다.

⑨ 100배 희석용 시험관 뚜껑을 멸균하고 뚜껑을 살짝 걸쳐 둔다.

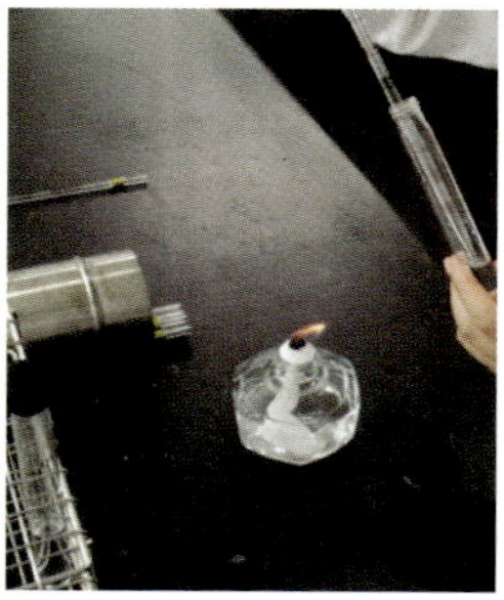

⑩ 10배 희석한 시험관의 뚜껑을 바닥에 뒤집어 놓고 새로운 피펫으로 시료 1mL를 취한다.

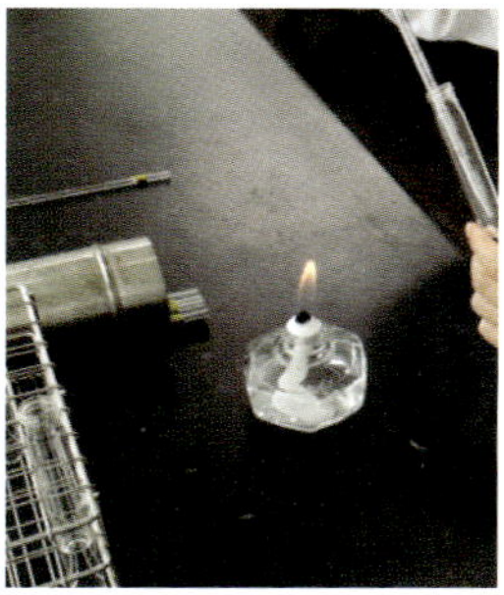

⑪ 100배 희석용 시험관의 뚜껑을 바닥에 뒤집어 놓고 시험관에 시료 1mL를 주입한다. (100배 희석)

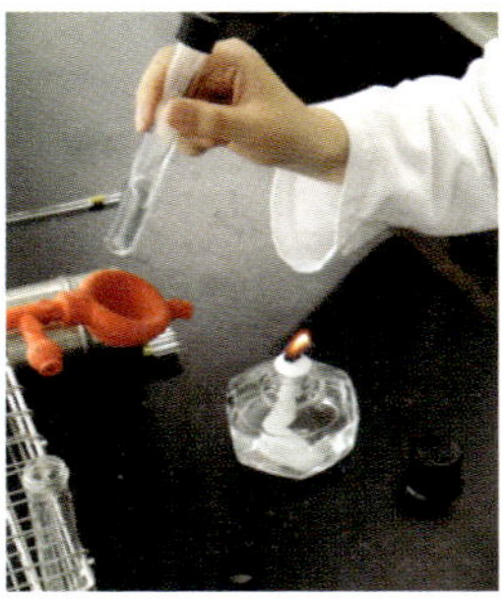

⑫ 100배 희석한 시험관 뚜껑과 입구를 멸균하고 뚜껑을 닫은 다음 잘 섞어준다.

⑬ 10배 희석한 시험관 뚜껑과 입구를 멸균하고 뚜껑을 닫아 둔다.

⑭ 1,000배 희석 및 10,000배 희석을 ⑧~⑬과 같은 방법으로 수행한다.

3) 시료 주입

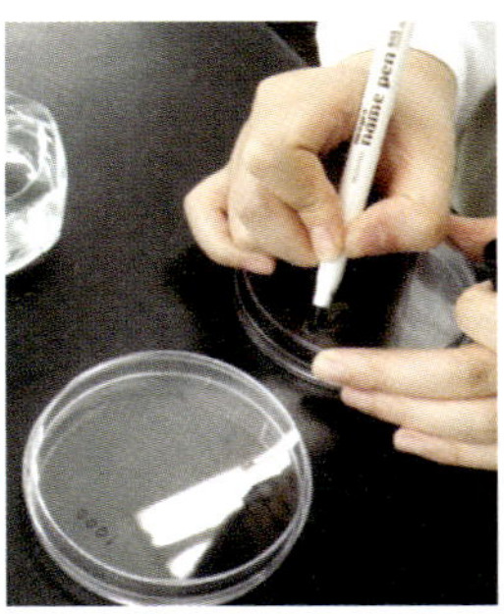

① 평판배지 뒷면의 가장자리에 날짜, 검체명, 희석배수 등을 적는다.

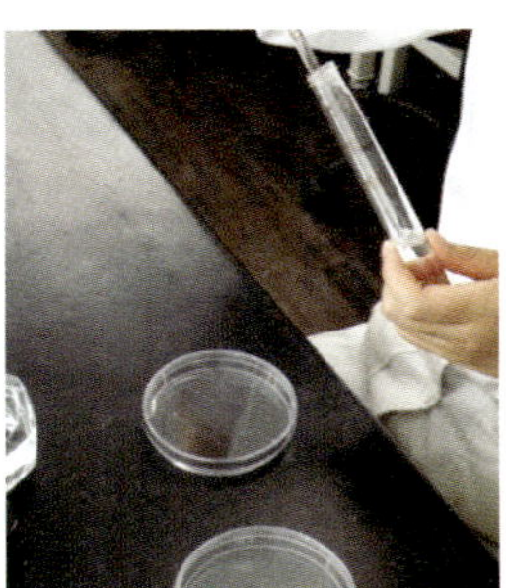

② 희석된 시험관의 입구를 멸균하고 1mL를 취한다.

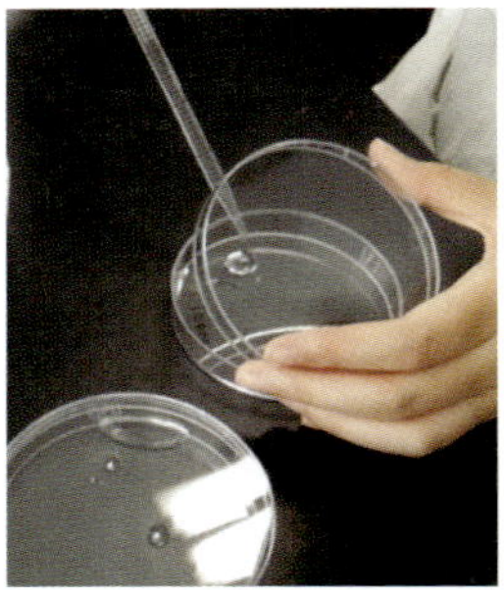

③ 희석액 1mL를 페트리접시에 무균적으로 분주한다.

4) 배지 주입 및 배양

① 멸균 후 굳지 않게 보관된 표준한천배지(약 43~45℃)의 입구를 화염멸균 한다.

② 각 페트리접시에 표준한천배지 약 15mL를 무균적으로 분주한다.

③ 페트리접시 뚜껑에 배지가 부착되지 않도록 주의하면서 검체와 배지를 잘 혼합하고 응고시킨다.

④ 페트리접시를 배양기에 거꾸로 넣어 배양한다.
(35~37℃에서 24~48시간)

【참고사항】

확산 집락의 방지 및 무균 조작 여부를 확인하기 위하여 다음 과정을 수행하기도 한다. (식품공전)

- 확산 집락의 발생을 억제하기 위하여 다시 표준한천배지 3~5mL를 가하여 중첩시킨다. (이 경우 검체를 취하여 배지를 가할 때까지의 시간은 20분 이상 경과하여서는 안 된다.)
- 검액을 가하지 아니한 동일 희석액 1mL를 대조 시험액으로 하여 시험 조작의 무균 조작 여부를 확인한다.

* 일반적으로 시험장에서는 위의 과정을 수행하지 않는다.

4. 계산방법

1) 집락수 산정

① 배양 후 집락계산기colony counter를 사용하여 생성된 집락수를 계수한다.
② 부득이할 경우에는 5℃에 보존하여 24시간 이내 수행한다.
③ 집락수의 계산은 확산 집락이 없고(전면의 1/2 이하일 때에는 지장이 없음) 1개의 평판당 30~300개의 집락을 생성한 평판을 택하여 집락수를 계산한다.
④ 숫자는 높은 단위로부터 3단계에서 반올림하여 유효숫자를 2단계로 끊어 이하를 0으로 한다.

– 세균수 286,755 = 2.9×10^5

– 세균수 20,130 = 2.0×10^4

⑤ 계산 예

희석배수		100배	1,000배	10,000배
1mL당 집락수	1회	230	36	7
	2회	250	32	5

1) 100배 희석 시 : $\dfrac{230+250}{2} \times 100 = 24{,}000$

2) 1,000배 희석 시 : $\dfrac{36+32}{2} \times 1{,}000 = 34{,}000$

3) 1), 2)에서 : $\dfrac{24{,}000+34{,}000}{2} = 29{,}000 = 2.9 \times 10^4 \, CFU/mL$

※ CFU/mL : Colony Forming Unit (검체 1mL 당 형성하는 Colony 수)

2) 30~300에 집락이 형성되지 않았을 경우

① 평판에 300개 이상 집락이 발생한 경우 300에 가까운 평판에 대하여 밀집평판 측정법에 따라 안지름 9cm의 페트리접시인 경우에는 $1cm^2$ 내의 평균 집락수에 65를 곱하여 그 평판의 집락수로 계산한다.

② 전 평판에 30개 이하의 집락만을 얻었을 경우에는 가장 희석배수가 낮은 것을 측정한다.

* 30~300에 집락이 형성되지 않았을 경우 희석배수를 변경하여 다시 실험하는 것이 원칙이다.

③ 계산 예 : 평판에 300개 이상 집락이 발생한 경우

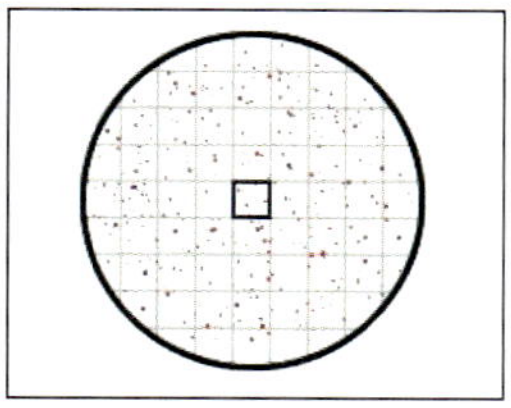

100배 희석

1구획당 평균 균수 : 10

$10 \times 65 \times 100 = 6.5 \times 10^4$ CFU/mL

3. 대장균군 검사

| 식품(산업)기사 실기 작업형 미생물 실험 16 | 대장균군 검사

실험 34

1. 실험원리

대장균군은 그람음성의 무아포성 간균으로 유당을 분해하여 가스를 발생시키는 호기성, 통성혐기성 세균을 말한다. 대장균군은 식품의 분변 오염의 지표균으로 식품에서 대장균군의 검출은 그 식품이 분변에 의해서 오염되었을 가능성을 나타낸다. 대장균군의 존재를 확인하는 정성시험으로 추정시험, 확정시험 및 완전시험의 3단계로 나누어 실험한다.

2. 시약 및 기구

- 시험관
- 발효관(Durham 발효관)
- 페트리접시
- 멸균 피펫
- 백금이
- 알코올램프

- 현미경
- 염색약 : 그람염색약, 아포염색약
- 배지 : 유당배지, 두배농도 유당배지, BGLB 배지, EMB 한천배자, Endo 한천배지, 보통한천배지

배지	성분	비고
유당배지 Lactose Broth	Peptone 5.0 g Beef Extract 3.0 g Lactose 5.0 g	성분을 증류수 1,000mL에 녹여 pH 6.9±0.2로 조정한 후 발효관을 넣은 시험관에 10mL씩 분주하여 121℃에서 15분간 멸균한다.
두배농도 유당배지 Double Strength Lactose Broth	Peptone 10.0 g Beef Extract 6.0 g Lactose 10.0 g	성분을 증류수 1,000mL에 녹여 pH 6.9±0.2로 조정한 후 발효관을 넣은 시험관에 10mL씩 분주하여 121℃에서 15분간 멸균한다.
BGLB배지 Brilliant Green Lactose Bile Broth	Peptone 10.0 g Lactose 10.0 g Oxgall 20.0 g Brilliant green 0.0133 g	성분을 증류수 1,000mL에 녹여 pH 7.2±0.1로 조정한 후 발효관을 넣은 시험관에 10mL씩 분주하여 121℃에서 15분간 멸균한다.
Endo한천배지 Endo Agar	Peptone 10.0 g Lactose 10.0 g Dipotassium Phosphate 3.5 g Sodium Sulfite 2.5 g Basic Fuchsin 0.5 g Agar 15.0 g	성분을 증류수 1,000mL에 녹여 pH 7.4±0.2로 조정한 후 121℃에서 15분간 멸균한다.
EMB한천배지 Eosine Methylene Blue Agar	Peptone 10.0 g Lactose 5.0 g Sucrose 5.0 g Dipotassium Phosphate 2.0 g Eosin Y 0.4 g Methylene Blue 0.065 g Agar 13.5 g	성분을 증류수 1,000mL에 녹여 pH 6.8±0.2로 조정한 후 121℃에서 15분간 멸균한다.
보통한천배지 Nutrient Agar	Peptone 5.0 g Beef Extract 3.0 g Agar 15.0 g	성분을 증류수 1,000mL에 녹여 pH 6.8±0.2로 조정한 후 121℃에서 15분간 멸균한다.

3. 실험방법

【시험장에서의 과제】

① 추정시험에 사용되는 유당배지발효관 제조 및 시료 접종하기
② 확정시험에서 사용되는 BGLB배지발효관 제조 및 EMB한천배지에 접종하기
③ 사진보고 실험 결과 판정하기
④ 묻고 답하기

1) 준비단계

① 소독용 알코올(70% 에탄올)로 실험대 및 손을 소독한다.
② 알코올램프를 켠다.

2) 추정시험

① 검체 10mL를 두배농도의 유당배지발효관에 3개 이상씩 접종한다.
② 검체 1mL 및 0.1mL를 유당배지발효관에 각각 3개 이상씩 접종한다.
③ 35~37℃에서 24시간 배양한다.
④ 결과 판정 : 가스 발생 시 추정시험 양성으로 판정하며 확정시험을 실시한다.

> 24시간 내에 가스가 발생하지 아니하였을 때에 배양을 계속하여 48시간까지 관찰한다.
> 48시간 배양 후에도 가스가 발생하지 않으면 추정시험 음성으로 판정한다.

■ 추정시험의 과제: 유당배지발효관 제조 및 시료 접종

① 시험관 입구를 멸균하고 뚜껑을 살짝 걸쳐 둔다.

시험장에서는 배지 멸균과정을 생략한다.

② 유당배지를 무균적으로 10mL 채취한다.

③ 시험관에 무균적으로 분주한다.

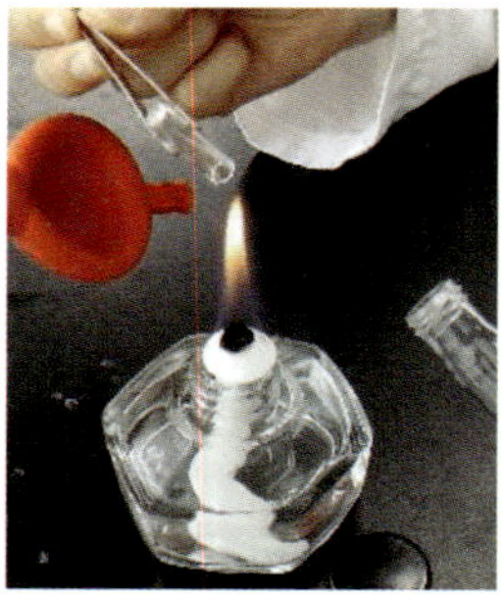

④ 핀셋으로 발효관을 잡고 화염멸균 한다.

⑤ 발효관을 뒤집어서 시험관에 넣는다.

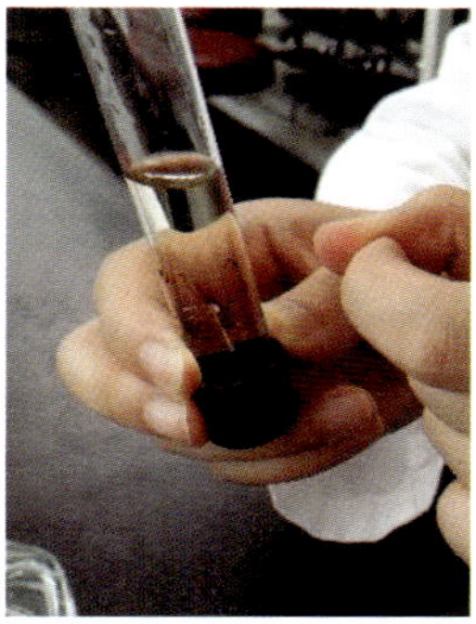

⑥ 시험관 입구와 뚜껑을 화염멸균 하고 닫는다.

⑦ 시험관을 조심스럽게 뒤집고 손으로 살살 두드려 발효관의 기포를 제거한다.

> 작은 거품이 발생하면 기포 제거가 어려우니 거품이 발생하지 않도록 주의해야 한다.

⑧ 검체 1mL를 무균적으로 접종한다.

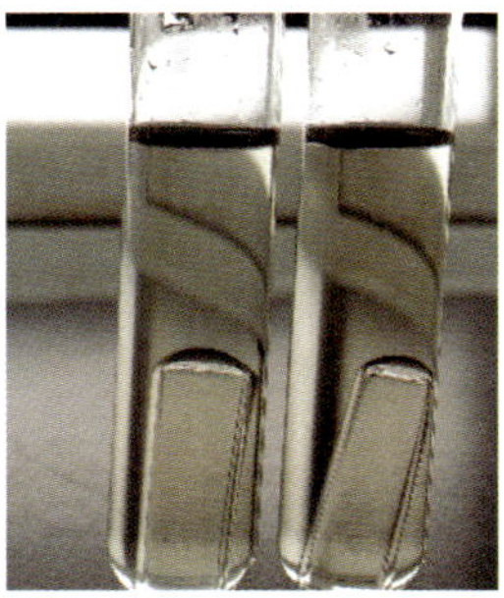

⑨ 제조된 유당배지발효관

3) 확정시험

① 추정시험에서 가스가 발생한 유당배지발효관의 배양액 한 백금이를 BGLB 배지발효관에 접종하여 35~37℃에서 24~48시간 배양하여 가스 발생 여부를 확인한다.

② 가스 발생을 보인 BGLB배지발효관으로부터 EMB한천배지 또는 Endo한천배지에 분리배양isolation culture을 한다.

③ 35~37℃에서 24시간 배양 후 전형적인 집락이 발생하면 확정시험 양성으로 하여 다음의 완전시험을 실시한다.

■ 확정시험의 과제 : BGLB배지발효관 제조 및 EMB한천배지에서 획선 도말

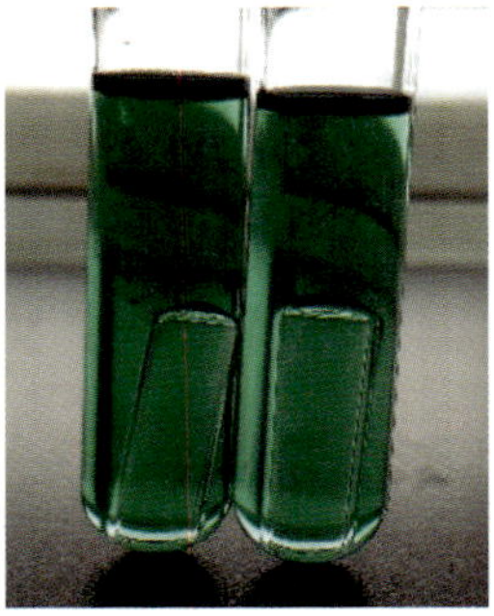

① BGLB배지발효관을 제조한다. (추정시험 참조)

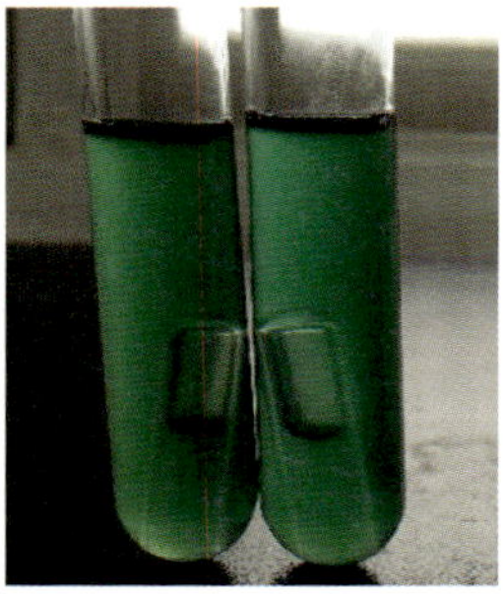

② BGLB배지발효관에서 가스 발생 여부를 확인한다.

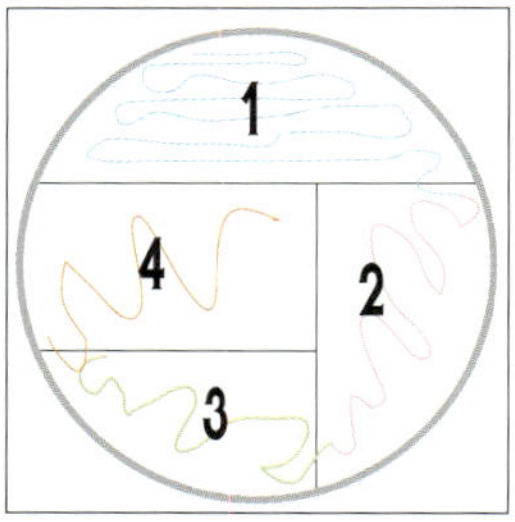

③ 가스가 발생한 BGLB배지발효관으로부터 EMB한천배지에 분리, 배양한다.

■ 확정시험 결과

대장균군 선택배지에서 집락의 관찰

	EMB한천배지	Endo한천배지
Escherichia coli	군청색, 녹색 금속성 광택 집락	핑크~적색, 녹색 금속성 광택
Enterobacter/Klesiella	군청색인 점질성의 집락	핑크색 점질성의 집락
집락 형태		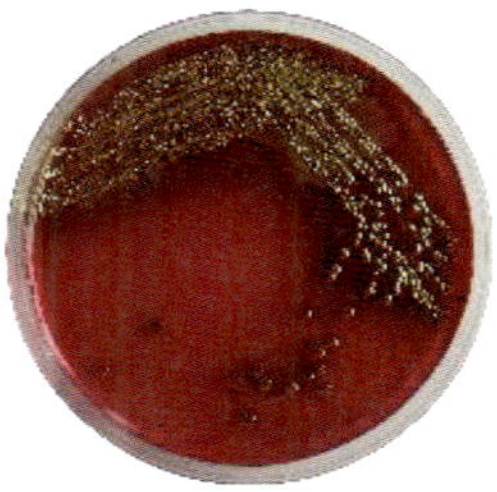

4) 완전시험

① 확정시험 평판배지(Endo한천배지 또는 EMB한천배지)에서 전형적인 집락 1개 또는 비전형적인 집락 2개 이상을 유당배지발효관과 보통한천배지에 접종하여 35~37℃에서 48±3시간 배양한다.

② 가스가 발생한 유당배지발효관에 해당되는 보통한천배지의 집락에 대하여 그람염색과 아포염색을 실시한다.

> 그람음성, 무아포성 간균이 증명되면 완전시험은 양성이며 대장균군 양성으로 판정한다.

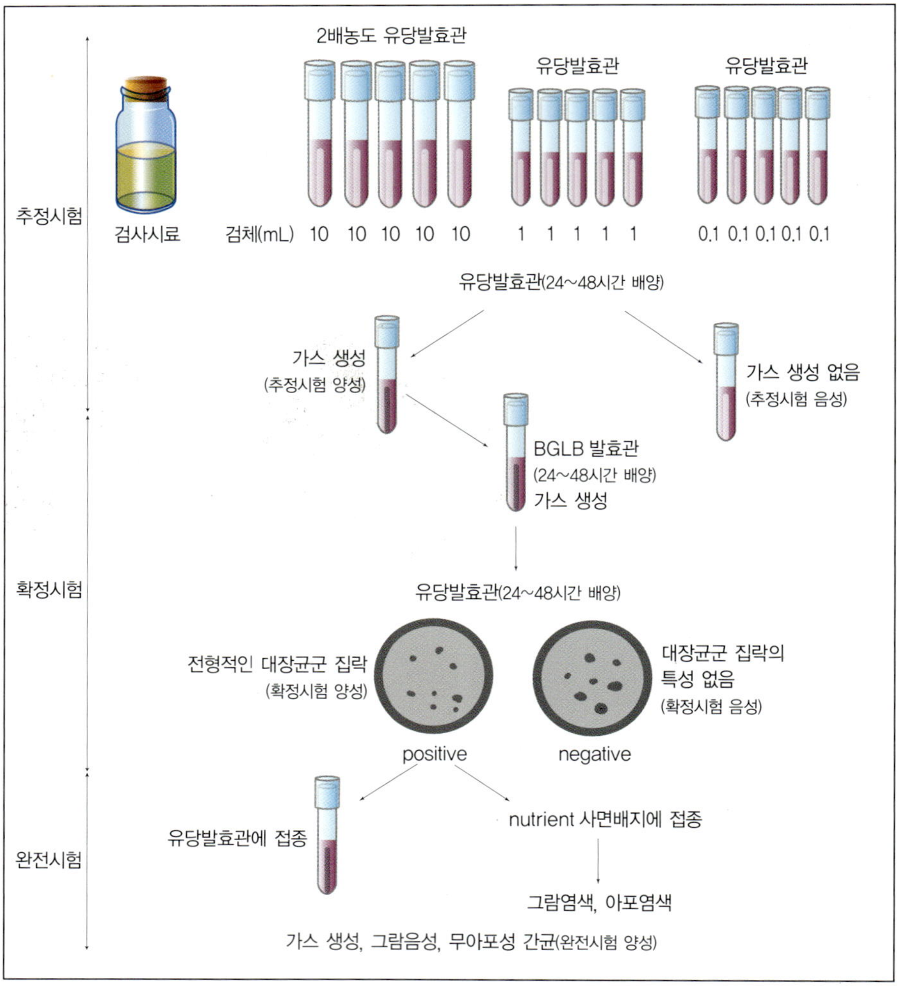

4. Q&A

【추정시험】

- 사용하는 배지 ?

  유당배지

- 가스가 발생한 이유 ?

  대장균군이 존재하면 유당이 발효하여 가스가 발생함

【확정시험】

- 기포 발생 BGLB배지의 결과 ?
  확정시험 양성
- EMB한천배지에서 대장균의 성상 ?
  녹색의 금속광택의 집락을 형성함

【완전시험】

- 그람염색에서 대장균군의 색 ?
  적색

4. 그람염색

| 식품(산업)기사 실기 작업형 미생물 실험 17 | 그람염색

실험 35

1. 실험원리

세균의 세포벽은 펩티도글리칸peptidoglycan으로 구성되어 있다. 그람양성균 세포벽의 80~90%는 펩티도글리칸으로 구성되어 있는 반면, 그람음성균의 세포벽의 경우 펩티도글리칸이 매우 얇은 대신 외부에 인지질, 당지질, 당단백질 등으로 구성된 외막outer membrane이 있다. 이러한 세포벽 구조의 차이로 인한 그람염색gram staining의 결과는 세균을 분류하는 가장 기본적인 기준이 된다.

그람염색에서 사용되는 크리스털바이올렛은 염기성 염색약으로 세포벽의 음이온 성분과 결합을 하고 요오드 용액은 매염제mordant로 크리스털바이올렛-요오드 복합체를 형성하여 세포벽이 착색되도록 도와준다.

탈색 과정은 그람양성균과 그람음성균의 색깔 차이를 나타내는 가장 중요한 과정이다. 그람음성균은 세포외막의 지질층이 탈색 과정 중에 알코올에 의해서 용해되어 크리스털바이올렛-요오드 복합체가 씻겨 나가게 된다. 반면에 그람양성균은 알코올이 두꺼운 펩티도글리칸층을 탈수시키고 세포가 수축되게 한다. 그 결과 크리스털바이올렛-요오드 복합체가 세포 밖으로 빠져나가지 못하게 방해하고 보라색이 유지되게 한다.

2. 시약 및 기구

- 현미경
- 슬라이드글라스, 커버글라스
- 백금이
- 알코올램프
- 유침오일
- 염색약 : 크리스털바이올렛 용액, 요오드 용액, 사프라닌 용액
- 탈색제 : 95% 에탄올

1) 크리스털바이올렛 용액(Crystal violet)

① 용액

Crystal violet ··· 2.0g
95% ethanol ·· 20mL

② 용액

Ammonium oxalate ································· 0.8 g
증류수 ·· 80mL

* ①, ② 용액을 혼합하여 24시간 방치한 후 여과하여 사용한다.

2) 요오드 용액(Lugol 용액)

KI ··· 2.0g
I_2 ··· 1.0g
증류수 ·· 300mL

* 소량의 증류수와 KI와 I2를 막자사발에 넣고 갈아주면서 용해시킨 후 용량을 300mL로 맞추어 갈색병에 보관한다.

3) 사프라닌(Safranin) 용액

Safranin ··· 0.25g

95% ethanol ·· 10mL

증류수·· 90mL

* 사프라닌을 95% 에탄올 10mL에 용해시킨 후 증류수로 용량을 100mL로 맞추어 사용한다.

3. 실험방법

【시험장에서의 과제】

① 주어진 미생물에 대해서 그람염색 수행하기
② 현미경 사용법 및 그람염색 결과 제시
③ 묻고 답하기

1) 준비단계

① 소독용 알코올(70% 에탄올)로 실험대 및 손을 소독한다.
② 알코올램프를 켠다.

2) 도말 과정

① 고체배지(사면배지, 평판배지)에서 균을 취할 때는 슬라이드글라스에 증류수를 한 방울 떨어뜨린다.

② 멸균한 백금이로 고체배지의 균을 소량 취하여 얇게 도말한다.

> 시험장에서 슬라이드글라스가 더 제공되면 도말된 균을 새로운 슬라이드글라스에 재도말하여 균체를 얇고 균일하게 도말한다.

③ 액체배양된 균이 제공될 경우 멸균한 백금이로 균액을 취하여 슬라이드글라스에 도말한다.

> 균체량이 모자랄 경우 백금이로 균액을 3~4번 더 취하여 겹쳐서 도말한다.

【주의 사항】

- 배양한 지 오래된 균은 세포벽의 손상으로 정확한 그람 염색 결과가 나오지 않는다.
- 균은 얇고 균일하게 도말하여야 한다.

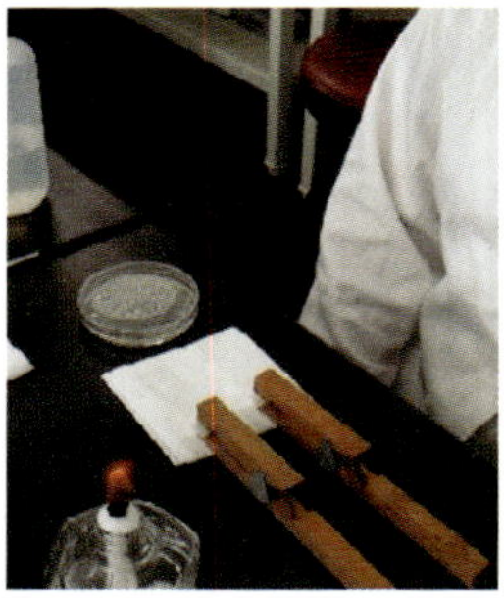

3) 건조, 고정

① 도말된 슬라이드글라스를 공기 중에서 건조시킨다.

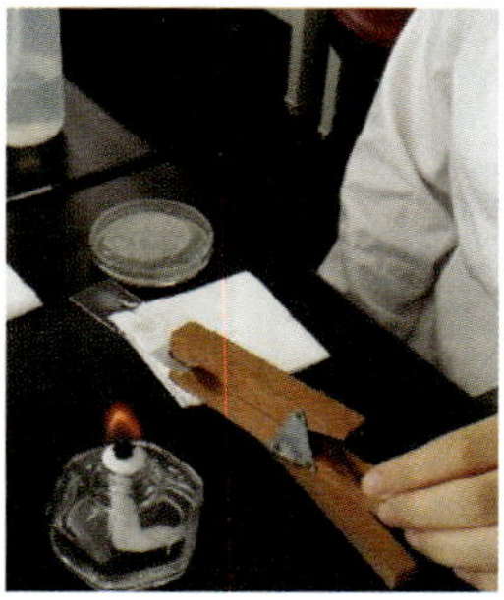

② 슬라이드글라스를 알코올램프 위에서 2~3번 빠르게 지나게 하여 슬라이드글라스에 균을 고정시킨다.

【주의 사항】

- 너무 오래 가열하면 균이 손상되어 그람염색 결과의 오류가 발생한다.

- 건조가 부족하여 고정 과정 후에도 수분이 남아 있을 경우에는 잠시 방치하여 슬라이드글라스를 냉각시킨 다음 알코올램프를 빠르게 지나가게 하여 균을 고정시킨다.

4) 염색 과정

① 고정된 슬라이드글라스에 크리스털바이올렛 용액을 1~2방울 떨어뜨리고 1분간 염색한다.

② 슬라이드글라스 뒷면에 물을 흐르게 하여 과량의 크리스털바이올렛 용액을 제거한다.

【주의 사항】
- 과량의 염색약을 제거하는 정도로 충분하다.

5) 매염(착색) 과정

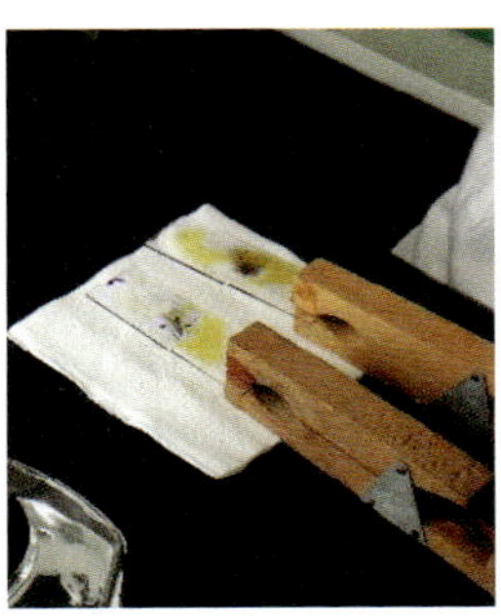

① 매염제인 요오드 용액을 1~2방울 떨어뜨리고 1분간 착색시켜 크리스털바이올렛-요오드 복합체를 형성시킨다.

② 슬라이드글라스 뒷면에 물을 흐르게 하여 과량의 염색약을 제거한다.

6) 탈색 과정

① 슬라이드글라스를 조금 기울이고 탈색제인 알코올 용액을 5~10초간 떨어뜨린다.

【주의 사항】

- 탈색은 그람염색 과정에서 가장 중요한 과정이다.
- 지나친 탈색과 불충분한 탈색은 잘못된 그람염색의 결과가 나오게 한다.
- 세척된 알코올 용액이 맑아지면 바로 물로 세척하여 과도한 탈색이 안 되게 한다.
- 탈색제로 아세톤을 사용하는 경우도 있는데 이 경우 탈색이 더 빠르게 진행된다.
- 아세톤이 포함된 탈색제를 사용할 경우 탈색 시간을 줄여야 한다.

② 즉시 슬라이드글라스 뒷면에 물을 흐르게 하여 탈색제를 제거한다.

【주의 사항】

- 탈색제가 잔존하면 탈색이 계속 진행될 수 있기 때문에 즉시 물로 탈색제를 제거해야 한다.

7) 대비염색

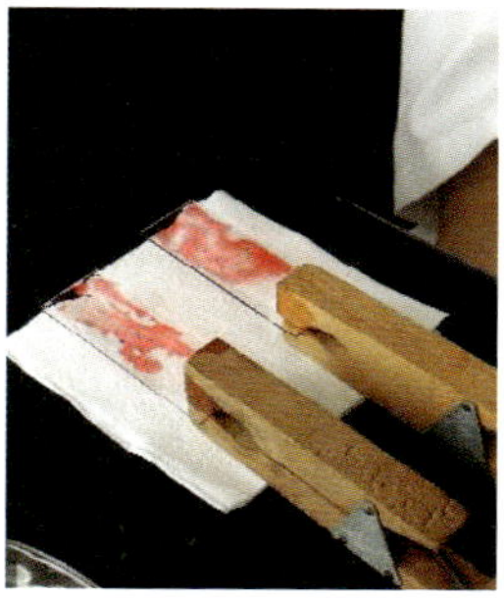

① 대비염색제인 사프라닌을 슬라이드글라스에 1~2 방울 떨어뜨리고 1분간 염색한다.

② 슬라이드글라스 뒷면에 물을 흐르게 하여 과량의 염색약을 제거한다.

8) 검경

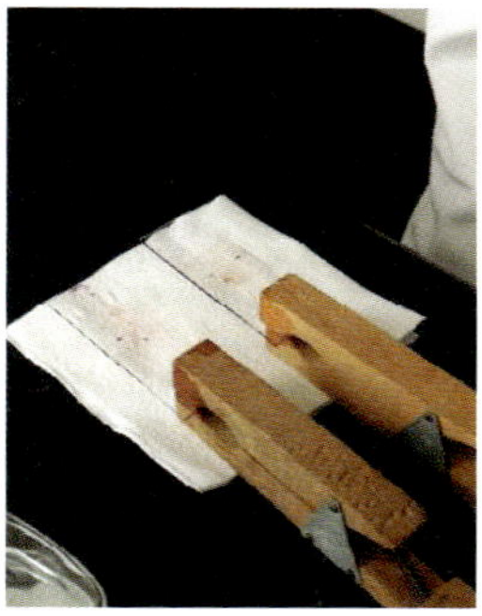

① 흡수 종이 등을 이용하여 슬라이드글라스 위의 수분을 제거하고 건조시킨다.

② 현미경을 이용하여 검경한다.

【현미경 사용법】

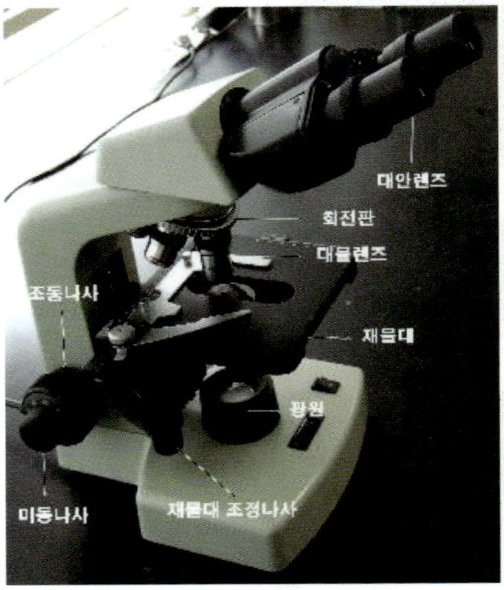

① 슬라이드 표본을 커버글라스로 덮고 재물대 위에 놓는다.
② 렌즈 회전판을 돌려 저배율 대물렌즈가 아래로 오도록 한다.
③ 조동나사를 돌려 최대로 대물렌즈와 재물대가 접하게 한다.
④ 조동나사를 돌려 상을 찾고 미동나사로 초점을 맞춘다.
⑤ 고배율(400×) 대물렌즈로 회전판을 돌린 후 미동나사로만 초점을 맞추어 그람염색 결과를 확인한다.
⑥ 1,000배로 검경하기 위하여 400배에서 초점을 맞춘 다음 렌즈를 살짝 돌려 유침오일immersion oil을 떨어뜨린다.
⑦ 1,000배 대물렌즈(유침렌즈)를 돌려 렌즈가 오일에 잠기게 하고 관찰한다.
⑧ 유침 검경한 대물렌즈는 크실렌xylene을 이용하여 오일을 제거한다.

4. 그람염색 단계별 색의 변화

염색과정	그람양성균	그람음성균
크리스털바이올렛(염색)	보라색	보라색
요오드(매염)	보라색	보라색
알코올(탈색)	보라색	무색
사프라닌(대비염색)	보라색	적색
검경 결과	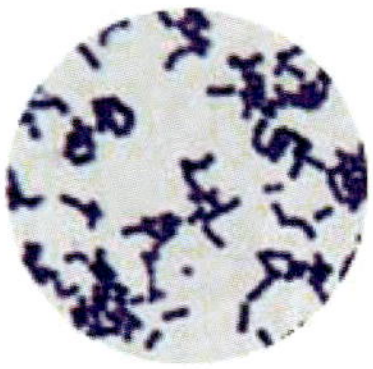	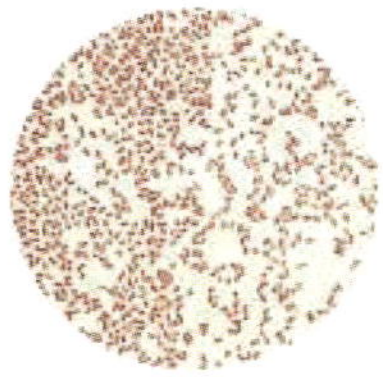

5. Q&A

① 크리스털바이올렛의 역할 ?

세포 염색

② 요오드 용액의 역할 ?

크리스털바이올렛-요오드 복합체를 형성하여 색을 착산시킴(매염제)

③ 사프라닌의 역할 ?

대비염색

④ 그람염색 결과의 차이가 나는 이유 ?

- 그람음성균 : 펩티도글리칸 층이 얇고 세포외막에 지질층이 있어 탈색 과정 중에 알코올에 의해서 용해되어 크리스털바이롤렛-요오드 복합체가 씻겨 나가 탈색된다. (사프라닌 대비염색으로 적색)
- 그람양성균 : 알코올이 두꺼운 펩티도글리칸층을 탈수시킨다. 탈수 결과 세포가 수축되어 크리스털바이롤렛-요오드 복합체가 세포 밖으로 빠져 나가지 못하게 방해한다. 따라서 보라색을 유지한다

⑤ 유침오일immersion oil을 사용하는 이유 ?

1,000배(유침렌즈) 관찰 시 굴절율을 높여 해상력을 높여준다.

PERIODIC TABLE OF THE ELEMENTS

Metals
Nonmetals
Metalloids

	1	2	3	4	5	6	7	8	9	10	11	12	13	14	15	16	17	18
1	1 **H** 1.0079																1 **H** 1.0079	2 **He** 4.0026
2	3 **Li** 6.941	4 **Be** 9.0122											5 **B** 10.811	6 **C** 12.011	7 **N** 14.0067	8 **O** 15.9994	9 **F** 18.9984	10 **Ne** 20.1797
3	11 **Na** 22.9898	12 **Mg** 24.3050											13 **Al** 26.9815	14 **Si** 28.0855	15 **P** 30.9738	16 **S** 32.065	17 **Cl** 35.453	18 **Ar** 39.948
4	19 **K** 39.0983	20 **Ca** 40.078	21 **Sc** 44.9559	22 **Ti** 47.87	23 **V** 50.9415	24 **Cr** 51.9961	25 **Mn** 54.9380	26 **Fe** 55.85	27 **Co** 58.9332	28 **Ni** 58.69	29 **Cu** 63.546	30 **Zn** 65.409	31 **Ga** 69.723	32 **Ge** 72.64	33 **As** 74.9216	34 **Se** 78.96	35 **Br** 79.904	36 **Kr** 83.80
5	37 **Rb** 85.4678	38 **Sr** 87.62	39 **Y** 88.9059	40 **Zr** 91.224	41 **Nb** 92.9064	42 **Mo** 95.94	43 **Tc** (98)	44 **Ru** 101.07	45 **Rh** 102.9055	46 **Pd** 106.42	47 **Ag** 107.8682	48 **Cd** 112.411	49 **In** 114.82	50 **Sn** 118.710	51 **Sb** 121.76	52 **Te**	53 **I** 126.9045	54 **Xe** 131.29
6	55 **Cs** 132.9055	56 **Ba** 137.327	57 **La** 138.9055 *	72 **Hf** 178.49	73 **Ta** 180.9479	74 **W** 183.84	75 **Re** 186.207	76 **Os** 190.2	77 **Ir** 192.22	78 **Pt** 195.08	79 **Au** 196.9665	80 **Hg** 200.59	81 **Tl** 204.3833	82 **Pb** 207.2	83 **Bi** 208.9804	84 **Po** (209)	85 **At** (210)	86 **Rn** (222)
7	87 **Fr** (223)	88 **Ra** (226)	89 **Ac** (227) **	104 **Rf** (261)	105 **Db** (262)	106 **Sg** (266)	107 **Bh** (264)	108 **Hs** (277)	109 **Mt** (268)	110 **Ds** (271)	111 **Rg** (272)	112 **Uub** (285)	113 **Uut** (284)	114 **Uug** (289)	115 **Uup** (288)			

*Lanthanide Series

58 **Ce** 140.116	59 **Pr** 140.9076	60 **Nd** 144.24	61 **Pm** (145)	62 **Sm** 150.36	63 **Eu** 151.964	64 **Gd** 157.25	65 **Tb** 158.9253	66 **Dy** 162.50	67 **Ho** 164.9303	68 **Er** 167.26	69 **Tm** 168.9342	70 **Yb** 173.04	71 **Lu** 174.967

** Actinide Series

90 **Th** 232.0381	91 **Pa** 231.0359	92 **U** 238.0289	93 **Np** (237)	94 **Pu** (244)	95 **Am** (243)	96 **Cm** (247)	97 **Bk** (247)	98 **Cf** (251)	99 **Es** (252)	100 **Fm** (257)	101 **Md** (258)	102 **No** (259)	103 **Lr** (262)

Note: Atomic masses are IUPC values (up to four decimal places). More accurate values for some elements are given on the facing page.

*참고문헌

김경삼, 정수열, 조득문. 식품분석(이론, 실험). 세종출판사, 1996

남궁석, 김재웅. 식품화학 실험. 신광출판사, 2007

채수규. 표준 식품분석학 – 이론 및 실험. 지구문화사, 2006

최병범, 김관우, 조효현. 식품분석. 진로연구사, 2006

서울대학교 환경연구소 편. 실험안전의 길잡이. 동화기술, 1998

Ceirwyn S. James. 우자원 역. 알기 쉬운 식품분석화학. 광문각, 2001

한국산업안전보건공사. 실험실 안전보건에 대한 기술지침, 2006

한국식품과학교수협의회 편. 식품(산업)기사 실시 제7보정판. 지구문화사, 2009

KOSHA CODE, 2006

中村 등. 基礎食品學實驗書. 三共出版, 2002

*찾아보기

ㅈ

ㅊ

ㅋ

ㅌ

ㅍ

ㅎ

기타

저자 소개

이수정
단국대학교 이학박사
현재 부천대학교 식품영양학과 교수

최병범
연세대학교 이학박사
현재 신한대학교 식품영양학과 교수

송태희
숙명여자대학교 이학박사
현재 배화여자대학교 식품영양학과 교수

이석원
고려대학교 농학박사
현재 유한대학교 유한바이오제약전공 교수

한명륜
단국대학교 공학박사
현재 혜전대학교 제과제빵과 교수

이재우
고려대학고 농학박사
전 김천다학교 식품영양학과 교수

개정판

이해하기 쉬운 식품분석

2012년 3월 10일 초판 발행
2026년 3월 5일 개정 3쇄 발행

지은이 | 이수정 · 최병범 · 송태희 · 이석원 · 한명륜 · 이재우
발행인 | 유제구
발행처 | 파워북
주 소 | 경기도 고양시 일산동구 호수로 358-25
동문타워2차 529호
전 화 | (02) 730-1412
F A X | (031) 908-1410
등 록 | 1997. 1. 31. 제2004-000067호

정 가 21,000원
ISBN 978-89-8160-235-2 (93590)

잘못된 책은 바꿔드립니다.